水生态保护与修复

关键技术及应用

水利部水资源管理中心　编著

中国水利水电出版社
www.waterpub.com.cn

内 容 提 要

水生态保护与修复的根本目的是通过一系列工程与非工程措施（如生态保护立法、执法、流域综合管理等），使水生态系统的四个过程因子，即水文情势和水质改善、河湖地貌景观修复、生物多样性维持与恢复得以改善，从而改善河湖生态系统的结构、功能和过程，实现水资源的节约、管理和保护，达到人水和谐。

本书共分 8 章，从水量、水质、水生态（生境+水生生物）、水景观与水文化四个方面，系统介绍了水环境污染处理技术、生境修复与生物多样性保护技术、环境流调控技术、水景观与水文化营建技术等多项当前具有一定实践成果、经济可行的技术，介绍了国内外有特色的水生态保护与修复的优秀工程案例。

本书实用性强，可供水资源、水生态、环境工程、城市景观等领域的工程技术人员、科研人员与管理人员参考。

图书在版编目（ＣＩＰ）数据

水生态保护与修复关键技术及应用 / 水利部水资源
管理中心编著. -- 北京 ：中国水利水电出版社，
2015.12（2021.1 重印）
 ISBN 978-7-5170-3870-2

Ⅰ．①水… Ⅱ．①水… Ⅲ．①水环境－生态环境－环
境保护－研究－中国 Ⅳ．①X143

中国版本图书馆CIP数据核字(2015)第292541号

责任编辑：杨庆川　　　加工编辑：夏雪丽　　　封面设计：李　佳

书　　名	水生态保护与修复关键技术及应用
作　　者	水利部水资源管理中心　编著
出版发行	中国水利水电出版社 （北京市海淀区玉渊潭南路 1 号 D 座　100038） 网址：www.waterpub.com.cn E-mail：mchannel@263.net（万水） 　　　　　sales@waterpub.com.cn 电话：(010) 68367658（发行部）、82562819（万水）
经　　售	北京科水图书销售中心（零售） 电话：(010) 88383994、63202643、68545874 全国各地新华书店和相关出版物销售网点
排　　版	北京万水电子信息有限公司
印　　刷	北京建宏印刷有限公司
规　　格	170mm×240mm　16 开本　15 印张　216 千字
版　　次	2015 年 12 月第 1 版　2021 年 1 月第 3 次印刷
印　　数	1251－1750 册
定　　价	48.00 元

《水生态保护与修复关键技术及应用》

编 委 会

前　言

在中央分成水资源费项目"水生态评价业务专项"和国家自然科学基金"寒区沼泽湿地演变驱动机制及生态需水调控研究"（编号：51379079）的共同资助下，水利部水资源管理中心积极开展了水生态保护与修复关键技术与应用研究工作，在项目研究过程中与国内外专家进行了广泛的交流，并深入14个水生态保护与修复国家级试点城市进行调研，经过5年多的努力，初步形成了本书的研究成果。

本书从水量、水质、水生态（生境+水生生物）、水景观与水文化四个方面，总结了当前一些有成功实践经验、经济可行的水生态保护与修复技术共计50项，其中水环境污染治理技术包括强化渗透、曝气增氧、微生物净化、自然生物处理、生态拦截等技术共计16项；生境修复与生物多样性保护技术包括生境保护与修复、生物多样性保护等技术共计13项；环境流调控技术包括生态需水确定、生态调度等技术共计10项；水景观与水文化营建技术包括仿自然水景营建、植被景观营建、文化与游憩设施营建等技术共计11项。对各项技术分别从概述、技术与方法、典型案例等方面做出了较为全面和系统的介绍。

本书在编写过程中得到了中国水利水电科学研究院、北京市水利规划设计研究院、水资源高效利用与保障工程河南省协同创新中心、北京师范大学、华北水利水电大学、北京景明万德科技有限公司等单位技术人员的帮助。

本书由水利部水资源管理中心组织编写，全书由刘心爱、张鸿星、袁建平统稿编校。本书的编写和出版，还得到了董哲仁、高而坤、石秋池、陈明、邓卓智、彭文启、朱晨东、沈承秀、唐克旺、陈敏建、丁爱中等领导和专家的大力支持和帮助，在此一并致以诚挚的谢意。

由于编者水平有限，书中的疏漏和缺陷在所难免，恳请广大读者批评指正。

编　者

2015年11月

目　　录

第 1 章　概论

1.1　水生态系统概述

1.1.1　淡水生态系统及构成

生态系统（Ecosystem）是由植物、动物和微生物及其群落与无机环境相互作用而构成的一个动态、复杂功能单元。（Millennium Ecosystem Assessment 2005）

本书所指的水生态系统为淡水生态系统。

淡水生态系统（Freshwater Ecosystem）是由植物、动物和微生物及其群落与淡水、近岸环境相互作用组成的开放、动态的复杂功能单元。一般认为，淡水生态系统的范围包括河道、河漫滩、湖泊、湖滨带、水库以及湿地沼泽等。

淡水生态系统作为地球生态系统的一个分支，是地球表面各类水域生态系统的总称。水生态系统的结构是由非生命与生命系统两部分组成。前者是指生

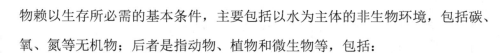
物赖以生存所必需的基本条件，主要包括以水为主体的非生物环境，包括碳、氧、氮等无机物；后者是指动物、植物和微生物等，包括：

（1）生产者。是能以简单的无机物制造食物的自养生物，主要包括陆地植物和水生植物。

（2）消费者。直接依赖于生产者所制造的有机物质，属于异养生物。

（3）分解者。也属于异养生物，其作用是把动植物残体、复杂的有机物分解为简单的无机物，并释放出能量。水生态系统中的生产者、消费者、分解者构成了生态系统中的食物链和生态链，以水为主体的非生物环境则是水生态系统的能量供给者和动植物生存的载体。

1.1.2　水生态系统的四个过程

水生态系统的四个过程包括水文过程、地貌过程、物理化学过程和生物过程。

◆ 1.1.2.1　水文过程

水生态系统的完整性依赖于自然水文条件的动态性。自然水文过程在维持生物多样性和生态系统完整性方面发挥了至关重要的作用。很多物种的生活史过程需要自然水文过程在不同季节提供多种类型的栖息地。然而，由于受人类活动、气候变化等人或自然因素的影响，自然水文过程遭到不同程度的改变，导致对水生态系统造成了一系列负面影响。因此，水文过程调查分析的目的在于：评估当前水文过程偏离自然水文过程的程度，识别改变程度较大的水文指标，基于这些水文指标与水生态影响之间的相关关系预测可能产生的生态效应，指导水生态保护与修复。

◆ 1.1.2.2　地貌过程

地貌过程是指地表物质在力的作用下被侵蚀、转移和堆积的过程。决定这一过程的实质是地表作用力和抵抗力的对比关系。侵蚀地貌过程是在溯源侵蚀、下蚀和侧蚀共同作用下形成的；转移地貌过程是泥沙在水体中的转移过程；堆积地貌过程则是泥沙在水体搬运能力减弱的情况下发生淤积的过程。地貌过程是形成水系形态的主要因素。地貌为水生态系统的各种生态过程提供了物理基础，通过多种类型的塑造作用，形成了不同的生物栖息地特点。

◆ **1.1.2.3 物理化学过程**

水质物理量测参数包括流量、温度、电导率、悬移质、浊度、颜色。水质化学量测参数包括 pH 值、碱度、硬度、盐度、生化需氧量、溶解氧、有机碳等。其他水化学主要控制指标包括阴离子、阳离子、营养物质等（磷酸盐、硝酸盐、亚硝酸盐、氨、硅）。如果水体的化学和物理性质不适宜，就无法确保健康的生态系统。应横向和纵向地审视水体的物理和化学过程。横向角度指流域对水质的影响，特别要注意沿岸地区对水质的影响；纵向角度则指考虑水体水动力学特征变化对水质的影响。

◆ **1.1.2.4 生物过程**

生活在水域及周边的生物群落，既包括淡水水生生物，也包括滨水带及其周围的陆生生物，其生命现象和生物学过程与栖息地特征密切相关。生物过程主要指生物群落对于栖息地众多因子变化的响应，以及生命系统与非生命系统之间的交互作用。

1.1.3 水生态系统的服务功能

生态系统服务（Ecosystem Service）是指生态系统与生态过程所形成及维持的人类赖以生存的自然环境条件与效用。生态系统服务功能是人类生存与现代文明的基础，它不但为人类提供食物、药品和工农业所需原料，更重要的是支撑与维系了地球生命支持系统。它的概念是随着对生态系统结构、功能及其生态过程的深入研究而逐渐提出并不断发展的，2001－2005 年开展的千年生态系统评估（Millennium Ecosystem Assessment）项目对其作出了如下的定义：即人类从生态系统获得的所有惠益，包括供给服务（如提供食物和水）、调节服务（如控制洪水和疾病）、文化服务（如精神、娱乐和文化收益）以及支持服务（如维持地球生命生存环境的养分循环）。

水生态系统服务功能也包括提供产品、调节、文化和支持四大功能。其中，产品提供功能是指生态系统生产或提供的产品；调节功能是指调节人类生态环境的生态系统服务功能；文化功能是指人们通过精神感受、知识获取、主观映象、消遣娱乐和美学体验从生态系统中获得的非物质利益；支持功能是指保证其他所有生态系统服务功能提供所必需的基础功能。与产品提供功能、调节功能和文化服务功能不同的是，支持功能对人类的影响是间接的，或通过较长时间才能发挥作用，而其他类型的服务则是相对直接的或快速发挥作用。淡水生态系统的服务功能具体详见表 1-1。

表 1-1　水生态系统的服务功能

功能／区域	提供产品功能				调节功能				文化功能		支持功能			
	供水	供给水产品	水力发电	航运	调节大气组分	调蓄洪水	输沙功能	调节气候	旅游服务	科研服务	净化水质	涵养水源	保护生物多样性	保护土壤
湖泊	√	√	—	—	√	√	—	√	√	√	√	√	√	√
河流	√	√	√	√	√	√	√	√	√	√	√	√	√	—

水生态系统不仅为人类提供了食品、医药、水及其他生产生活原料，还创造并维持了全球生态支持系统，形成了人类生存所必需的环境条件。水生态系统服务功能的内涵除了包括有机质的合成与生产外，还包括保护生物多样性、调节气候和大气、水质净化、调蓄洪水、营养物质贮存与循环、基因库等。其具体内涵如下：

（1）保护生物多样性

生物多样性是指从分子到景观各种层次生命形态的集合。水生态系统不仅为各类生物物种提供繁衍生息的场所，而且还为生物进化及生物多样性的产生与形成提供了条件。据统计全球淡水鱼近 10700 种，仅中国就有淡水鱼 700 多种，而我国目前调查并记录的水生生物物种有 2 万多种。

（2）调节气候与大气

水生态系统通过水汽循环起到调节气候的作用。水生态系统中的绿色植物通过光合作用释放氧气，同时固定大气中的二氧化碳，从而保证了生命活动必需的氧气含量和基本气候条件。此外，部分水生植物还具有吸收空气中有害气体的功能，而水体自身还具有一定的吸附粉尘及微生物的空气净化能力。

（3）水质净化

水生态系统具有削减污染物的作用。生活生产废污水进入水生态系统后，首先被稀释，而后通过水生植物的吸附、吸收作用，及水中微生物的分解作用，被消纳降解。河流湖泊中的各种水生植物（包括挺水、浮水、沉水植物）能够有效吸收污染物，许多植物组织能够富集浓度比周围水体高出 10 万倍以上的重金属，从而净化水质，降解污染。而河流生态系统中，由于水流速度不同，在水流速度趋缓处，水中悬浮的固体物质沉降下来，部分污染物粘结在沉积物上随之沉积，加速了污染物降解过程。

（4）调蓄洪水

蓄积洪水水量、调节洪峰是水库、湖泊、河流等生态系统的重要服务功能。以洞庭湖为例，洞庭湖是调蓄长江中游干、支流洪水的重要的天然水库。而鄱阳湖在一般年份可调节来水量的 15%～30%，而特大洪水年（如 1954 年）削减了入湖峰量的 50% 以上，其削峰量为 23400m³/s。

（5）营养物质贮存与循环

河流湖泊通过自身生态系统的营养循环完成氮、碳、磷等大量营养元素在水体与大气、土壤等介质的交换。以氮循环的过程为例，水中动植物的尸体及水生生物的排泄物等有机氮经细菌等微生物的分解成为铵态氮（NH_4^+）、分子态氮（NH_3）、硝态氮（NO_3^-）和亚硝态氮（NO_2^-）等无机氮，或一部分经脱氮细菌的分解变成氮气挥发到空气中，而大气中的氮气经雷雨以硝态氮的形式进入水体，而硝态氮可以被水中的藻类或其他水生植物吸收利用转化为有机氮。

（6）基因库

由于水生态系统同时具有陆地与水体两种生存环境，因此水生态系统同时兼具丰富的陆生和水生动植物资源，形成了单一生态系统无法比拟的天然基因库，其水文、土壤和气候造就了复杂且完备的动植物群落，同时形成了复杂的基因库。

（7）景观文化

自古以来人们依水而居，随水而耕，以水溉田，人们亲水近水的天性，始终伴随着社会发展而不断延续，形成了以各种载体表达的水文化。同时，伴随社会现代化的进程，人们对水域空间的景观和休闲娱乐功能的要求不断提高。改善水域空间的景观，提高文化底蕴，为居民提供安全、舒适的亲水环境，成为当前水生态文明建设的一个重要目标。

1.2 水生态保护与修复

1.2.1 水生态保护与修复概述

水生态保护与修复的基本内容有两部分，即保护水生态和修复水生态系统。保护和修复相互推进，保护推动修复，修复促进保护。其一，保护水生态包括保护水量水质，防治水污染，使其质量不再下降。同时保护水系和河流的自然形态，保护水中生物及其多样性，保护水生生物群落结构，保护本地历史物种、特有物种、珍稀濒危物种，保护生物栖息地。此外，还要注意保护水文化。其二，对已经退化或受到损害的水生态采取工程技术措施进行修复，遏制退化趋势，使其转向良性循环。水生态保护和修复的工程技术措施应是综合性的，可利用现有的各类工程技术措施，进行合理选配。目的是要起到削减污染物产生量和进入水体量、提高水体自净能力的作用，增加水环境容量，改善水质，使水生态进入良性循环。同时要有相应的保障措施配套，确保工程技术措施的全面实施，发挥其最大的水生态保护与修复效果。

按照国际生态恢复学会的定义，生态修复是帮助研究和管理原生生态系统的完整性的过程，这种完整性包括生物多样性的临界变化范围、生态系统结构和过程、区域和历史状况以及可持续的社会实践等。

河湖生态修复是指在充分发挥系统自修复功能的基础上，采取工程与非工程措施，促使水生态系统恢复到较为自然的状态，改善其生态完整性和可持续性的一种生态保护行动。其任务有 4 大项：①水质改善；②水文情势改善；③河流地貌景观修复；④生物群落多样性的维持与恢复。总的目的是改善河湖生态系统的结构、功能和过程，使之趋于自然化。

1.2.2　水生态保护与修复的原则

水生态修复应遵循自然规律和经济规律，既重视生态效益，也讲求社会经济效益。其目标和内容应体现水资源开发利用与生态环境相结合；人工适度干预与自然界自我修复相结合；工程措施和非工程措施相结合。生态效益的重点放在水质改善、自然界水文情势和河流自然地貌形态修复。应遵循产出效益最大化和投入成本最小化的一般经济原则，采取负反馈分析规划设计方法，统筹兼顾，因地制宜。应遵循如下原则：

- 水生态保护与修复与社会经济协调发展；
- 生态效益与社会经济效益相统一；
- 恢复河流自然地貌形态和自然水文情势；
- 投入最小化和生态效益最大化；
- 发挥生态系统自我修复功能；

- 工程措施与非工程措施相结合；
- 遵循负反馈调节设计原则。

1.2.3　水生态保护与修复的必要性及意义

（1）水生态保护与修复是维持水生态系统功能正常发挥的有效手段

水生态保护与修复的根本目的是通过一系列工程与非工程措施（如生态保护立法、执法、流域综合管理等），使水生态系统的四个过程因子得以改善，即水质和水文情势改善、河湖地貌景观修复、生物群落多样性的维持与恢复，从而改善河湖生态系统的结构、功能和过程，使之趋于自然化。由此可见，水生态保护与修复是维持水生态系统功能正常发挥的有效手段。

（2）水生态保护与修复是经济社会高度发展的必然要求

区域经济的高速发展，水和水生态系统是重要的基础支撑和保障，一个持续发展的社会，不仅表现在经济发展的可持续性，而且应包括水资源、水生态环境的可持续性。在区域经济发展到现阶段，人水关系已由片面追求对河湖资源功能的工具化开发利用向尊重自然、尊重其价值，体现人水和谐的本体价值的转变，这也是经济社会发展的必然结果。

（3）水生态保护与修复是水利工程建设发展新阶段的必然

随着经济社会发展，生产力水平提高，在科学发展观的指导下，对水利建设的内容和水资源开发利用与管理，赋予了崭新的内涵，从理念和实践上要求实现根本转型，即从传统水利向资源水利和现代水利转变。在遵从河湖自然客观规律的前提下，顺应经济发展要求，发挥人的主观能动性，有意识地将人水和谐理念，贯穿于水利建设全过程，达到支撑经济发展、人与自然和谐、实现河湖的健康可持续发展目标，而不以牺牲子孙后代的发展条件为代价来求得眼前的发展。所以说，水生态保护与修复是对水利工程规划、设计、建设的进一步补充和优化，也是对水利工程、水资源保护工作的有力推动，更是促进防洪保障，强化水资源优化管理，满足社会生态改善，环境优化的需要，是现代水利工作内涵的外延和拓展。

（4）水生态保护与修复是现代社会以人为本，渴求回归自然，人与水自然和谐共处的迫切要求

进入 21 世纪，经济社会将进入一个持续稳定发展的新时期，应强化河湖水网的总体构建，改善河湖综合条件，提高防洪保障，抵御洪涝风险的能力；把水资源保护和水污染防治提到支撑经济社会可持续发展的高度；建设生态河湖，恢复利用河湖自净能力，隔断污染对水体的侵害；保护和恢复河湖的自然多样性特征，恢复和重建其水生态系统；尽可能保持河湖自然特性，营建优美水边环境，提供丰富自然的亲水空间，构建现代水系统与风景旅游生态城市建设适应性；对河湖的开发治理考虑其生态的可持续性和区域经济的可持续发展。水生态保护与修复是对前期不合理开发和利用的补偿，也是持续利用河湖的保障，促进水生态系统的稳定和良性发展。

1.3　水生态保护与修复技术

水生态保护与修复技术主要分为水环境污染治理技术、生境修复与生物多样性保护技术、环境流调控技术和水景观与水文化营建技术四大类。

1.3.1　水环境污染治理技术

水环境污染治理技术是一种典型的水质改善技术，包括以过滤为手段的下凹式绿地技术、透水铺装技术、砂滤技术和土壤渗滤技术；以增氧为手段的人工曝气增氧技术、跌水曝气技术；以强化生物作用为手段的生物强化技术、生物膜技术；以自然作用为手段的稳定塘技术、雨水利用塘技术、生物景观塘技术、人工湿地技术、前置库技术和生态浮床技术；以植物拦截为手段的缓冲带

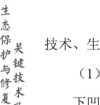

技术、生态沟渠技术。

（1）下凹式绿地技术

下凹式绿地是一种生态的雨水渗透设施，它既可以设置在城区范围内的建筑物、街道、广场等不透水的地面周边，用于收集蓄渗小面积汇水区域的径流雨水，又能在立交桥附近、市郊等空旷区域大规模应用，从而提高立交桥及整个城市的防洪能力。

（2）透水铺装技术

透水铺装由一系列与外部空气相连通的多孔结构形成的骨架，同时又能满足路面及铺地强度和耐久性要求的地面铺装。所采用的透水砖由多种级配的骨料、水泥、外加剂和水等经特定工艺制成，其骨料间以点接触形成混凝土骨架，骨料周围包裹一层均匀的水泥浆薄膜，骨料颗粒通过硬化的水泥浆薄层胶结而成多孔的堆聚结构，内部形成大量的连通孔隙。其好处是：①雨水能够迅速地渗入地下，补给地下水。同时，减少路面积水，大大减轻排水系统的压力，也减少了对自然水体的污染；②提高地表的透气、透水性，保持土壤湿度，改善城市地表生态平衡及铺装地面以下的动植物及微生物的生存空间；③吸收车辆行驶时产生的噪声，创造安静舒适的交通环境；④下垫层土壤中丰富的毛细水可以通过自然蒸发作用（透水性铺装的多孔构造同样是水蒸发的通道），降低铺装表面的温度，进而缓解了城市热岛效应。

（3）砂滤技术

砂滤技术是一种通过砂、有机质、土壤等的过滤作用来达到径流污染控制目的的技术，主要作用是截留水中的大粒径固体颗粒和胶体，使水澄清。根据滤料性质和所处位置可分为表面砂滤池、地下式砂滤池、周边型砂滤池等类型。

（4）土壤渗滤技术

土壤渗滤技术，也称土地处理系统，是一种就地污水处理技术。它充分利用土壤的物理、化学特性以及土壤—微生物—动物—植物等构成的生态系统自我调控机制和对污染物的综合净化功能，吸附、微生物降解、硝化反硝化、过滤、吸收、氧化还原等多种作用过程同时起作用，实现污水资源化与无害化。该技术由于利用了土壤的自然净化能力，因而具有基建投资低、运行费用少、操作管理简便等优点，另外还具有无臭味、不滋生蚊蝇等优点。

（5）人工曝气增氧技术

人工曝气增氧技术是通过机械作用鼓风、压缩空气进入水体的方式对水体进行充氧曝气。其充氧效率高、选择灵活，但耗能高、维护管理要求高，多用于黑臭河道治理、人工湖、公园水体等净化和景观中。

（6）跌水曝气技术

跌水曝气是指利用河床比降形成的落差或者使用潜水泵提升水体，使水体从高处自由跌落，跌落的同时携带一定的空气跌入下层水体中，被带入水中的空气以气泡形式与水面下层水体充分接触，气泡破裂后，为下层水体富氧。相对于人工曝气，该技术充氧效率低、能耗低，维护管理简单。

（7）生物强化技术

生物强化技术是指在生物处理系统中，通过投加具有特定功能的微生物、营养物或基质类似物，增强处理系统对特定污染物的降解能力、提高降解速率、达到有效净化水质的目的。生物强化技术比一般的废水生物治理方法对目标污染物的去除更有针对性，效果更佳，表现出很好的应用前景。

（8）生物膜技术

生物膜技术是依靠固定于载体表面上的微生物膜来净化水质。由于微生物细胞几乎能在水环境中任何适宜的载体表面牢固地附着、生长和繁殖，由细胞内向外伸展的胞外多聚物使微生物细胞形成纤维桩的缠结结构，可利用生物膜附着在载体的表面，在膜的表面上和一定深度的内部生长繁殖着大量的微生物及微型动物，并形成由有机污染物→细菌→原生动物（后生动物）组成的食物链。污水在流过载体表面时，污水中的有机污染物被生物膜中的微生物吸附，并通过氧向生物膜内部扩散，在膜中发生生物氧化等作用，从而完成对有机物的降解。生物膜载体是该项技术的核心。

（9）稳定塘技术

稳定塘是一种利用天然净化能力的生物处理构筑物的总称，主要利用菌藻的共同作用处理废水中的有机物。稳定塘技术在面源汇集、截留净化等方面具有重要作用，可调蓄水量，收集初期径流，降低面源污染对受纳水体的影响。

稳定塘结构简单，其营建对地形的要求不高，在沼泽、峡谷、河道、废弃水库等地形较复杂的地方均可以营建，且大多采用土石为原材料，工程周期较短，营建费用和运转费用较低，维护和维修简单、便于操作。另外，稳定塘能有效去除污水中的有机物和病原体，无需污泥处理，且具有很强的抗冲击能力，无论面对浓度多少的污水，稳定塘系统都能很快适应并对其实施处理。

（10）雨水利用塘技术

雨水利用塘是雨水利用工程中的一种，通过滞留、沉淀、过滤和生物作用等方式达到高峰削减和径流污染控制目的的雨水塘。具有削减高峰流量、控制径流污染、收集利用雨水等好处。

（11）生物景观塘技术

生物景观塘是在生物塘内种植一些具有良好的净水效果、较强的耐污能力、易于收获和有较高的利用价值的纤维管束水生植物，如芦苇、水花生、水浮莲、水葫芦等，能够有效地去除水中的污染物，尤其是对氮磷有较好的去除效果。

（12）人工湿地技术

人工湿地技术是利用由土壤或人工填料（如碎石等）和生长在其上的水生植物所组成的独特的土壤—植物—微生物—动物生态系统，使水中的有机质、氮、磷等营养成分在发生复杂的物理、化学和生物的转化作用下，被截留、吸收和降解。在恰当设计和良好管理的条件下，可以有效地处理生活污水、工业污水、农业面源污染、垃圾场渗滤液、暴雨径流、富营养化水体等，显著减少水体内的生化需氧量、悬浮固体颗粒和氮磷，同时还可以去除金属、微量有机物和病原体。与传统的二级生化处理相比，人工湿地具有氮、磷去除能力强，投资低，处理效果好，操作简单，维护和运行费用低等优点。但人工湿地污水处理技术存在较为严重的二次污染问题，收获的植物茎叶无法妥善处置；工程占地面积大，且受气候条件限制较大，部分水生植物不耐寒，易受病虫害影响，容易产生淤积和饱和现象等。

（13）前置库技术

前置库技术是利用水库的蓄水功能，将因表层土壤中的污染物（营养物质）淋溶而产生的径流污水截留在水库中，经物理、生物作用强化净化后，排入所要保护的水体。前置库对控制面源污染，减少湖泊外源有机污染负荷，特别是去除入湖地表径流中的氮、磷安全有效。但前置库技术存在着植被二次污染、不同季节水生植被交替和前置库淤积等问题。

（14）生态浮床技术

生物浮床技术是以可漂浮材料为基质或载体，将高等水生植物或陆生植物栽植到富营养化水体中，通过植物的根系吸收或吸附作用，削减水体中的氮、磷及有机污染物质，从而净化水质的生物防治法。"生物浮岛""人工生物浮床""生物浮床""人工浮岛""浮床无土栽培"等均为相同或类似的概念。生物浮床技术，需要设计制造一种浮力大、承载力强、耐水性好、不易老化，既能固定植物根系，又能保证植物生长所需要的水分、养分和空气的浮体装置。

（15）缓冲带技术

缓冲带是指河岸两边向岸坡爬升的由树木（乔木）及其他植被组成的缓冲区域，其功能是防止由坡地地表径流、废水排放、地下径流和深层地下水流所带来的养分、沉积物、有机质、杀虫剂及其他污染物进入河湖系统。

（16）生态沟渠技术

生态沟渠是指应用生态学原理，在保证输水安全的前提下，在排水沟渠内通过植草、铺设过滤层，使其具备较高的净化水质的能力。在我国部分农村，一般是将现有的硬质化沟道改成生态型沟道，在沟渠中配置植物，并可根据实际情况设置透水坝、拦截坝等辅助措施，形成具有较高水质净化能力的生态排水沟渠。

1.3.2　生境修复与生物多样性保护技术

从不同的生境空间尺度出发，生境保护与修复技术主要包括河流蜿蜒度构造、横断面多样性修复、河道内栖息地加强、生态型护岸、河湖生态清淤等中观、微观尺度上的技术，以及水系连通、岸线控制等宏观尺度上的技术。生物多样性保护技术从维护目标生物的栖息地环境及全过程生活史角度出发，主要包括过鱼设施、增殖放流、迁地保护、"三场"维护、分层取水、过饱和气体控制等技术。

（1）河流蜿蜒度构建技术

河流蜿蜒度构建技术是指利用复制法、经验关系法等多种方法修复河流的平面蜿蜒性特征。其主要目的是在满足河道行洪能力的前提下，通过改善河流蜿蜒度提高河流平面形态多样性，从而形成异质性的地貌单元，增加河流地貌特征的多样性。

（2）河流横断面多样性修复技术

河流横断面多样性修复技术是指根据自然河流的横断面特点，采用人工设计与河床演变相结合的方式对横断面的多样性特征进行修复。其主要目的是在满足河道行洪能力要求的前提下，对现有经过人工改造过的矩形断面或梯形断面河道进行多样性修复。

（3）河道内栖息地加强技术

河道内栖息地是指具有生物个体和种群赖以生存的物理化学特征的河流区域。河道内栖息地加强技术是指利用木材、块石、适宜植物以及其他生态工程材料相结合而在河道内局部区域构筑特殊结构,通过调节水流及其与河床或岸坡岩土体的相互作用而在河道内形成多样性地貌和水流条件,例如水的深度、湍流和均匀流、深潭或浅滩等,从而增强鱼类和其他水生生物栖息地功能,促使生物群落多样性提高。

河道内栖息地加强结构的技术关键在于通过河道坡降及流场的局部改变,调整河道泥沙冲淤变化格局,形成相对蜿蜒的河道形态,使之具有深潭—浅滩序列特征;同时利用掩蔽物,增强水域栖息地功能。工程设计中需致力于满足尽可能多的物种对适宜栖息地的要求。具体设计目标包括:创建深水区,重建深潭栖息地;缩窄局部河道断面,增强局部冲刷作用,调整泥沙冲淤变化格局,重建浅滩;增加掩蔽物,为鱼类创建躲避被捕食或休息的区域;通过添加木质残骸,为水生生物提供适宜的河床底质和食物等。河道内栖息地加强结构类型一般分为五大类:砾石/砾石群、具有护坡和掩蔽作用的圆木、叠木支撑、挑流丁坝和生态堰等。

(4)生态型边坡防护技术

生态型边坡防护技术是指满足规模最小化、外型缓坡化、内外透水化、表面粗糙化、材质自然化及成本经济化等要求,并保证稳定安全、生态健康、景观优美的多功能型岸坡防护技术。其目标是在满足人类需求的前提下,使工程结构对河流的生态系统冲击最小,亦即对水流的流量、流速、冲淤平衡、环境外观等影响最小,同时大量创造动物栖息及植物生长所需要的多样性生活空间。

根据不同河道岸坡的具体情况和设计要求,常采用渗滤植生砌块护岸技术、坡改平砌块植生护坡技术、格网网箱生态护坡结构、格网土石笼生态护坡结构、护坡工程袋柔性边坡、铰接混凝土块护岸技术、生物基质混凝土、自嵌式植生挡土墙边坡、植物纤维毯植被网覆盖技术、三维土工植被网覆盖技术和巢室生态护坡技术等。

由于过往大量的钢筋混凝土和浆砌石岸堤无法在短时期内完全拆除重

建，很大程度上影响了河湖生态保护与修复的效果，目前各地正在倡导睡堤唤醒的计划。睡堤唤醒就是对城市河道硬质护岸进行生态改造，将一部分已有的硬质护岸改造成柔性生态护岸，其技术体系也大量采用以上所提到的技术来进行实施。

（5）生态清淤技术

生态清淤是指去除沉积于湖底（河底）的富营养物质，包括高营养含量的软状沉积物（淤泥）和半悬浮的絮状物（藻类残骸和休眠状活体藻类等），生态清淤清除的是底层富含有机质的表层流泥，它以生态修复为目的，最大限度地清除底泥污染物、减少湖泛发生概率。在生态清淤的基础上，通过环境治理、生态工程和有效管理等综合工程和非工程措施，修复生态系统，保障湖泊生命健康和可持续发展。

（6）水系连通技术

水系连通技术指的是在水电工程建设过程中，为提高流域和区域水资源统筹调配能力，为洪水提供畅通出路和蓄泄空间，并增强水体自净能力和修复水生态功能，需合理连通相关的河流、水库、湖泊、淀洼、蓄滞洪区等功能水体，统筹规划闸坝、堤防建设布局，合理优化现有闸坝调度运行方式，减缓工程建设引发的生态阻隔效应。其目的是恢复河湖水系在纵向（上下游、干支流）、横向（主槽与河漫滩及湿地）和竖向（地表水与地下水）的连通性特征。

（7）河湖岸线控制技术

河湖岸线控制技术指的是在分析总结岸线开发利用与保护中所存在主要问题的基础上，合理确定岸线的范围、划分岸线功能区，并提出岸线布局调整和控制利用与保护措施。其目的是为保障河道（湖泊）行（蓄）洪安全和维护河流健康，科学合理地利用和保护岸线资源。

（8）过鱼设施

过鱼设施是指为使洄游鱼类繁殖时能溯河或降河，通过河道中的水利枢纽或天然河坝而设置的建筑物及设施的总称，通常采用的过鱼设施包括鱼道、仿自然通道、鱼闸、升鱼机和集运鱼船等。

（9）增殖放流

洄游鱼类增殖放流是指对处于濒危状况或受到人类活动胁迫严重，具有生态及经济价值的特定鱼类进行驯化、养殖和人工放流，使之得到有效保护，设置鱼类增殖放流站是缓解胁迫作用和恢复鱼类资源的有效手段之一。增殖放流站的主要任务是通过对开发河段野生亲本的捕捞、运输、驯养、人工繁殖和苗种培育，对放流苗种进行标志（或标记），建立遗传档案并实施增殖放流。

（10）迁地保护

迁地保护是指为洄游鱼类提供新的产卵场、索饵场和越冬场的一种保护措施，它是就地保护的一种补充。迁地保护主要环节包括引种、驯养、繁育及野化。

由于各方面因素的制约，迁地保护工作存在着一定的局限性。迁地保护的成效多取决于政策和经费的连续性，而且由于迁地保护场所在数量上和面积上的限制，不同的亚种、不同的生态型个体常常混养在一起，物种的遗传成分混杂。同时，迁地保护的濒危物种由于长期受到无意识的人工选择，并不能获取有利于进化的遗传多样性，缺乏野外生存所必需的觅食、逃避天敌的行为技巧，难以适应变化了的环境条件。

（11）"三场"维护技术

"三场"维护技术指的是在水电工程建设过程中，为保护特有、濒危、土著及重要渔业资源，需特殊保护和保留未开发的河段，对产卵场、索饵场、越冬场"三场"等重要原生境进行保护。

（12）分层取水技术

分层取水技术是指为减缓下泄低温水对下游水生生物或农田灌溉的不利影响所采取的水温恢复与调控措施，一般可设置分层取水建筑物，尽可能下泄表层水。

（13）过饱和气体控制技术

过饱和气体控制技术指的是结合水库运行、发电、泄洪等需求，设计尽可能满足鱼类栖息和繁殖所需水文节律的水库运行及泄洪方式，其目的是降低水库下泄水气体饱和度，减轻水电工程对水生态的不利影响。

1.3.3 环境流调控技术

环境流,指维持淡水生态系统及其对人类提供的服务所必需的水流的水量、水质和时空分布。环境流可以解释为维持河流生态环境需要保留在河道内的基本流量及过程，不仅包括枯季最小流量，也包括汛期的洪水过程；不仅包括水量过程，也包括水动力及水的物理化学变化过程。环境流是人类在进行水资源配置和管理中分配给河流生态系统的流量，具有维持河流持续性、保证河流自净扩散能力、维持泥沙营养物质输移和水生态系统平衡等作用，并可为水库生态调度和河道生态修复等提供依据。环境流强调不但要维持流域生态环境健康和生活服务价值，而且要符合一定水质、水量和时空分布规律要求，强调一个完整的水文过程。因此，环境流不仅仅是一个科学术语，而且是比技术问题更为复杂的管理问题。从生态水文学和环境生态学角度，环境流调控技术包括生态需水确定技术与方法、生态调度技术。

（1）生态需水

生态需水从广义上讲是指维持全球生态系统水分平衡，包括水热平衡、水盐平衡、水沙平衡等所需用的水；狭义上是指为维护生态环境不再恶化，并逐渐改善所需要消耗的水资源总量。按照生态系统所处的空间位置可将生态需水划分为河道内生态需水与河道外生态需水。河道内生态需水包括河流、湖泊与河口生态需水，河道外生态需水包括植被、湿地、城市、沼泽生态需水等。

（2）生态调度

水利工程具有防洪、发电、灌溉、航运、供水等综合功能，对经济发展和社会进步起到巨大的推动作用，在抵御洪涝灾害对生态系统的冲击干扰、改善干旱与半干旱地区生态环境状况等方面也发挥有积极作用。广义的"生态调度"包括：在强调水利工程的经济效益与社会效益的同时，将生态效益提高到应有的位置；保护流域生态系统健康，对筑坝给河流带来的生态环境影响进行补偿；考虑河流水质的变化；以保证下游河道的生态环境需水量为准则等。狭义的"生态调度"可理解为：在实现防洪、发电、供水、灌溉、航运等社会经济目标的前提下，兼顾河流生态系统需求的调度方式。

1.3.4　水景观与水文化营建技术

水景观和水文化营建的初衷，是在滨水景观建设中，实现满足生态功能基础上的景观表现最优化目标。在滨水景观建设中，在按照生态功能设计的要求下，对滨水开放空间形态、植物景观加以设计和改造，使其在保持原有生态功能的前提下，更好地满足使用者的功能需求和观赏效果。

水景观与水文化营建技术包括仿自然水景营建技术、植被景观营建技术、文化与游憩设施营建等技术。仿自然水景营建技术又包括浅水湾和景观水景营建技术，植被景观营建技术又包括原生植被保护技术、植被筛选技术和群落营建技术，文化与游憩设施按营建设施类型，可分为线性游步道系统、游憩场地、景观设施和水文化景观。

（1）水景营建技术

水景观是园林景观设计的重要内容，水的景观表现灵活、形式多样。与景观和建筑协调的水景，能够起到组织开放空间、满足休闲功能、提升景观品质等方面的作用。城市化地区，需要满足城市的景观和滨水休闲需求；水源充足、汇水条件较好的区域，需要通过绿地进行雨洪调蓄与利用，结合海绵型城市建设进行开发。贫水地区应限制建设人工水景。

景观水景营建技术包括基底分析评价、水体深度与规模确定、生物栖息地营建、植被景观营建和设计营建等部分。

（2）浅水湾营建技术

模拟天然河流水体的塑造形式，在河床宽阔处或者冲刷作用弱的区域，扩大水面设置浅水湾，形成缓坡断面。浅水湾既可以增加过流断面，便于构建蜿蜒型河道；又可以在冬季形成冰盖整体推移，防止护岸冻蚀。浅水湾区域便于结合植被种植和景观设施，形成水生动植物的栖息地，同时满足城市居民中的亲水功能需求。浅水湾有淤泥质浅水湾和块石底浅水湾。

（3）景观跌水营建技术

广义的来说跌水是水流从高向低由于落差跌落而形成的动态水景，有瀑布和流水等不同形式。瀑布是指自然形态的落水景观，多与山石、溪流等结合。本部分所说的跌水是指规则形态的落水景观，其在景观表现上并多与建筑、景观构筑物相结合，既具有水的韵律之美，又具有景观设计的形式之美，兼有曝气充氧作用，是水景观建设的重要内容。跌水又包括块石跌水、水槽式跌水和多级跌水。

（4）景观喷泉营建技术

喷泉在水生态处理上，是一种优良的曝气方式。喷泉是利用压力使水从孔中喷向空中，再自由落下的一种优秀的造园水景工程。喷泉以壮观的水姿、奔放的水流、多变的水形，被广泛应用在水景观营建中。近年来，出现了多种造型喷泉、构成抽象形体的水雕塑和强调动态的活动喷泉等，大大丰富了喷泉构成水景的艺术效果。

（5）植被景观营建技术

植被景观营建是指科学配置植物群落，构建具有生态防护和景观效果的滨水植被带，发挥滨水植被带对水陆生态系统的廊道、过滤和防护作用，提升生态系统在水体保护、岸堤稳定、气候调节、环境美化和旅游休闲等方面的功能。

滨水植被带是河流生态系统的重要组成部分之一，对水陆生态系统间的物质流、能量流、信息流和生物流能够发挥廊道、过滤器和屏障等生态作用。

通过植被景观营建技术，在保育原生植被基础上，重建退化的河岸带植被群落，提高河岸带生态系统多样性是水生态保护与修复的重要内容。滨水带植物景观营建技术包括原生植被保护、生态植被筛选和植物群落配置等内容，其既要遵循它的艺术规律，也要保持它的相对独立性，但不是孤立的，必须统一考虑其他诸多要素，进行总体规划设计。

第 2 章　水环境污染治理技术

　　遵循低动力、低维护、生态友好原则，本章介绍适用于水环境污染治理的典型水质改善技术。包括以过滤为手段的下凹式绿地技术、透水铺装技术、砂滤技术和土壤渗滤技术；以增氧为手段的曝气增氧技术、跌水曝气技术；以强化生物作用为手段的生物强化技术、生物膜技术；以自然作用为手段的稳定塘技术、雨水利用塘技术、生物景观塘技术、人工湿地技术、前置库技术和生态浮床技术；以植物拦截为手段的缓冲带技术、生态沟渠技术。

2.1　强化渗透技术

　　为使水体周边土地充分发挥污染控制作用，应利用岸上可用空间净化进入水体的径流污染物。适用技术有下凹式绿地、透水铺装、砂滤等。可依据当地的实际情况单独使用或几种技术配合使用。

　　由于雨水中含有较多杂质和悬浮物，易致使上述入渗系统堵塞，使其管理维护量增大，且有造成地下水污染的风险，并可能对周边卫生环境和建筑安全造成影响。因此，渗透技术应用场所应有详细的地质勘察资料，包括区域滞水层分布、土壤类型和渗透系数、地下水动态等。渗透系统建设不应引起地质灾害，地质条件较差的区域不得采用雨水入渗。入渗设施的底部与地下水水位应保持至少 1m 的距离。存在特殊污染源，如难拦蓄过滤的溶解性有毒有机物等地区收集的径流污染不应采用渗透技术；入渗设施不能影响周边建筑物及其使用；入渗系统必须设置溢流设施；入渗设施的渗透量、进水量、蓄积雨水量及储存容积的计算参考《建筑与小区雨水利用工程技术规范（GB 50400－2006）》。

2.1.1 下凹式绿地技术

1. 概述

下凹式绿地是一种生态的雨水渗透设施。为了更多地消纳地表径流，河流周边入渗系数较低的绿地，可采用下凹式绿地。下凹式绿地既可以设置在城区范围内的建筑物、街道、广场等不透水地面周边，用于收集蓄渗小面积汇水区域的径流雨水，又能在立交桥附近、市郊等空旷区域大规模应用，从而提高整个城市的防洪能力。

下凹式绿地具有三大好处：一是减少城市的洪涝灾害，增加土壤水资源量和地下水资源量，节省绿地的浇灌用水；二是减少城市河湖的水质污染和淤积量，削减面源污染，增加绿地的土壤肥力；三是具有工艺简单、工程投资少的优点。

2. 技术与方法

典型的下凹式绿地结构是：下凹绿地的设计高程应低于城市硬化地面（包括渗透地面）0.15～0.30m，雨水口布置在绿地中，并高于绿地高程 0.05～0.15m，而低于地面高程。这样调整绿地结构形式和雨水口的布置，有利于城市道路、建筑物等硬化地面产生的雨水径流流入下凹式绿地，经下凹式绿地的调蓄入渗后，超蓄超渗雨水溢流排入雨水口，再经过雨水管道排出。绿地表面种植草皮和绿化树种，保证一定的景观效果；绿地下层的天然土壤改造成渗透系数大的透水材料，由表层到底层依次为表层土、砂层、碎石、可渗透的底土层，增大土壤的存储空间。根据实际情况，在绿地中因地制宜地设置起伏地形，在垂向上营建低洼面。在绿地的低洼处适当建设透管沟、入渗槽、入渗井等入渗设施，以增加土壤入渗能力，降低表层内积水。渗透管沟可采用人工砾石等透水材料制成，汇集的雨水通过渗透管沟进入碎石层，然后再进一步向四周土壤渗透。

下凹式绿地的设计流程大致如下：①根据项目规划，划分下凹式绿地的服务汇水面；②综合下凹式绿地服务汇水面有效面积、设计暴雨重现期、土壤渗透系数等相关基础资料，利用规模设计计算图合理确定绿地面积及其下凹深度；③通过绿地淹水时间、绿地周边条件对设计结果进行校核。校核通过则设计完毕，否则返回①，重新划分下凹式绿地服务汇水面，进行新一轮的设计计算，调整设计控制参数，直至得到合理的设计结果。

绿地下凹深度和绿地面积是下凹式绿地设计过程中的两个主要控制参数，其取值需综合考虑绿地服务汇水面积、土壤渗透系数、设计暴雨重现期、周边设施的布置情况、绿地植物的耐淹时间等多个因素后确定。

超渗溢流雨水口与绿地的高差，主要与当地绿地常种植物的耐涝性、降雨强度和下凹式绿地面积占集雨面积比例有关。植物的耐涝性好、降雨强度小、下凹式绿地面积占集雨面积比例大，雨水口可设置高些，这样有利于调蓄入渗更多的雨水；反之，雨水口可设置得低些或与绿地相平，避免雨水利用影响绿地植物的生长，损坏城市绿化景观。另外，我国属于雨旱季分明的地区，如果为了雨水利用而采用耐涝植物，一般耐涝植物就不耐旱，将会增加旱季绿化植物浇洒水量，这是得不偿失的，浪费更多的水资源。当下凹式绿地的坡度较大时，应按照超渗溢流雨水口划分的集雨区域，每个区域设计成梯田式或设挡水坎，充分利用每个雨水口的排水能力，避免超渗雨水集中流到地势最低处溢流，造成最低处的雨水口排水能力不足，产生局部性区域的内涝。

2.1.2　透水铺装技术

1．概述

透水性铺装即透水性硬化路面及铺地的简称，其内部构造是由一系列与外部空气相连通的多孔结构形成的骨架，同时又能满足路面及铺地强度和耐久性要求的地面铺装。所采用的透水砖由多种级配的骨料、水泥、外加剂和水等经特定工艺制成，其骨料间以点接触形成混凝土骨架，骨料周围包裹一层均匀的水泥浆薄膜，骨料颗粒通过硬化的水泥浆薄层胶结而成多孔的堆聚结构，内部形成大量的连通孔隙。在下雨或路面积水时，水能沿着这些贯通的孔隙通道顺利地渗入地下或存于路基中。

与不透水的路面相比，透水性路面具有诸多生态方面的优点，具体表现在以下几个方面：①雨水能够迅速地渗入地下，补给地下水；②雨水迅速渗入地下，减少路面积水，大大减轻排水系统的压力，并且减少了对自然水体的污染；③提高地表的透气、透水性，保持土壤湿度，改善城市地表生态平衡，有效地保护透水性铺装地面以下的动植物及微生物的生存空间；④吸收车辆行驶时产生的噪声，创造安静舒适的交通环境；⑤透水性路面材料具有较大的孔隙率，下垫层土壤中丰富的毛细水可以通过自然蒸发作用（透水性铺装的多孔构造同样是水蒸发的通道），降低铺装表面的温度，进而缓解了城市热岛效应。

2．技术与方法

透水铺装的共同特点就是降水可通过铺装本身与铺装下垫层相通的渗水路径渗入下部土壤。一方面要求铺装面层结构具有良好的透水性，另一方面铺装下垫层也应具有相应的透水性能，只有这样才能保证该铺装体系的透水要求。

透水铺装地面应在土基上营建，并自上而下设透水面层、透水找平层、透水基层和透水底基层。

参考《城市雨水利用工程技术规程（DB11/T 685－2009）》，透水面层渗透系数应大于 1×10^{-4} m/s，可采用透水面砖、透水混凝土、草坪砖等，透水面砖的有效孔隙率应不小于 8%，透水混凝土的有效孔隙率应不小于 10%；当采用透水面砖时，其抗压强度、抗折强度、抗磨强度等应复合《透水路面砖和透水路面板（GB/T 25993－2010）》标准的规定。

透水找平层渗透系数应不小于面层，宜采用细石透水混凝土、干砂、碎石或石屑等；有效缝隙应不小于面层，厚度宜在 20～50mm 之间。透水基层和透水底基层渗透系数应大于面层，底基层宜采用级配碎石、中、粗砂或天然级配砂砾料等，基层宜采用级配碎石或透水混凝土；透水混凝土的有效孔隙率应大于 10%，砂砾料和砾石的有效孔隙率应大于 20%，厚度不宜小于 150mm。一般设计降雨重现期应不小于 2 年，铺装层容水量不应小于 2 年一遇 60mm 降雨量。

位于待治理水体周边承担荷载较小的人行步道、非机动车通行的硬质路面、广场、停车场和滨河路路面等，可以采取在路基土上面铺设透水垫层、透水表层砖的方法进行透水铺装，以减少进入水体的径流污染量，对于局部不能采用透水铺装的地面，可按不小于 0.5% 的坡度坡向周围的绿地或透水路面。对于车流量较大的滨河路，可适当降低路两侧的地面标高，在路两侧修建部分小型引水沟渠，对路面上的雨水由中间向两侧分流，使地表径流流入距离最近的下凹式绿地。透水铺装的设计和应用应同时满足承载力和冻涨要求。

透水铺装的设计和应用应满足冻涨要求，还应满足承载力要求。对于软弱地基应进行加固，例如，巢室承载稳固系统（参见 3.1.4.11 节），利用其可带水承载特性，在透水铺装路面结构中，构建了一个可透水排水、承载稳定、稳定面层的巢室基层。图 2-1、图 2-2、图 2-3 分别为透水沥青混凝土路面结构、碎石路面结构和生态草坪路面结构。

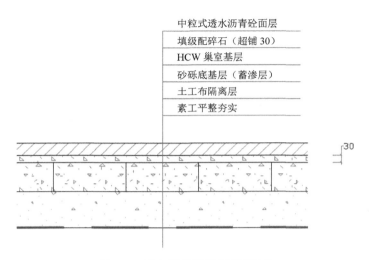

中粒式透水沥青砼面层

填级配碎石（超铺30）

HCW 巢室基层

砂砾底基层（蓄渗层）

土工布隔离层

素工平整夯实

图 2-1　透水沥青混凝土路面结构

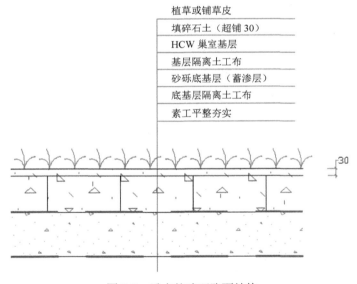

植草或铺草皮

填碎石土（超铺30）

HCW 巢室基层

基层隔离土工布

砂砾底基层（蓄渗层）

底基层隔离土工布

素工平整夯实

图 2-2　透水的碎石路面结构

2.1.3　砂滤技术

1．概述

一种通过砂、有机质、土壤等的过滤作用来达到径流污染控制目的的设施，主要作用是截留水中的大粒径固体颗粒和胶体，使水澄清。根据滤料性质和所处位置可分为表面砂滤池、地下式砂滤池、周边型砂滤池等类型。

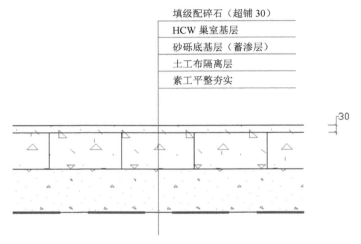

填级配碎石（超铺 30）
HCW 巢室基层
砂砾底基层（蓄渗层）
土工布隔离层
素工平整夯实

30

图 2-3　透水的生态草坪路面结构

2．技术与方法

砂滤最大的汇水面积宜为 $4hm^2$，不透水面积比例大于 75% 的排水区域的雨水进入过滤设施时，应设置预处理设施，砂滤表面宜种植适宜的植物。设计和维护细则建议参考《雨水利用工程技术规范（SZDB/Z 49－2011）》。

2.1.4　土壤渗滤技术

1．概述

土壤渗滤技术，也称土地处理系统，是一种就地污水处理技术。它充分利用土壤的物理、化学特性以及土壤－微生物－动物－植物等构成的生态系统自我调控机制和对污染物的综合净化功能，过滤、吸附、吸收、降解等多种过程同时作用，实现污水资源化与无害化。该技术由于利用了土壤的自然净化能力，因而具有基建投资低、运行费用少、操作管理简便等优点，另外还具有无臭味、不滋生蚊蝇等优点。

2. 技术与方法

土地渗滤根据污水的投配方式及处理过程的不同，可以分为慢速渗滤、快速渗滤、地表漫流和地下渗滤系统四种类型。慢速渗滤处理系统是将污水投配到渗水性能良好的土壤表面，污水在流经地表－土壤－植物系统时得以净化。慢速渗滤系统的污水投配负荷一般较低，渗滤速度慢，在表层土壤中停留时间长，故净化效果非常好，出水水质优良。快速渗滤系统是一种高效率低能耗的污水处理方法，适用于渗透性能非常良好的粗质地土壤（如砂土），其流程是将污水投配到快速渗滤田表面，污水在向下渗透过程中由于过滤、沉淀、生物降解等一系列作用得到净化。地表漫流处理系统将污水有控制地投配到生长有多年生牧草、坡度缓和、土壤渗透性低的坡面上，污水在坡面表层缓慢流动的过程中得以净化。地下渗滤系统将污水投配到距地表一定深度、有良好渗透性的土层中，利用土壤毛细管浸润和渗透作用，使污水在向四周扩散中经过沉淀、过滤、吸附和生物降解达到处理要求，地下渗滤的处理水量较少，停留时间较长，水质净化效果比较好，且出水的水量和水质都比较稳定，适于污水的深度处理。

2.2 曝气增氧技术

曝气增氧技术是根据受污染水体的厌氧或缺氧的特点，通过自然跌水（瀑布、喷泉、假山等）或人工曝气措施向水体中充入空气或氧气，促进上下层水体的混合，提高水体的溶氧水平，一方面抑制厌氧菌和藻类的繁殖、去除水体黑臭现象；另一方面增加好氧菌的繁殖速度，恢复和增强水体中好氧微生物的活性，有利于提高水体的自净能力，改善受污染水体的水质，一般作为河道治理的辅助性措施使用。

2.2.1　人工曝气增氧技术

1．概述

人工曝气增氧技术即通过机械作用鼓风、压缩空气进入水体的方式对水体进行充氧曝气。相对于自然跌水曝气，人工曝气增氧技术充氧效率高、选择灵活，但耗能高、维护管理要求高，多用于黑臭河道治理、人工湖、公园水体等净化和景观中。主要包括喷泉、气泡曝气设备、机械曝气设备等。

2．技术与方法

从工作原理上可分为鼓风曝气、机械曝气和混合曝气三种。鼓风曝气是以空气或者纯氧为氧源，通过各种曝气器直接将空气或者纯氧引入水体中，其充氧率可达 25%～35%，但存在占地面积大、投资较大、易受水位变动影响等缺点。机械曝气是指通过机械传动方式将水扬起经大气富氧后回落至原水体，间接地增加原水体中的溶解氧。机械增氧设备多配以浮筒直接安装于水面上，安装方便，使用便捷，投资较少，受水位影响小，但存在易于堵塞、增氧不均匀和效率较低等缺点。混合曝气是指通过机械转动将空气吸入与水混合进入水体，以鼓风曝气直接增氧和水力扰动间接增氧的混合作用方式增加水体中的溶解氧，其增氧效率较高，且水力扰动可以破环水体分层，对下层水体具有非常好的增氧效果。

从安装方式上可分为固定式和移动式两种，主要根据城市河道的污染程度、主体功能、尺度大小等具体情况进行选择。固定式曝气是指在目标河道上安装固定的曝气设备对水体进行曝气增氧。当目标河段河水较深且曝气河段有航运或景观功能时，一般宜采用固定的鼓风机曝气的形式，通过管道系统将空气或纯氧引入河道底部的气体扩散装置，以增加水体中的溶解氧。当目标河段河水较浅且无航运或景观要求时，一般可采用机械曝气的形式，即将浮筒式结构的机械曝气设置直接固定安装于河道中，对水体进行曝气增氧。移动式曝气是指在目标河段上设置可以自由移动的曝气增氧设施，根据曝气河道水质改善的程度，机动灵活地调整曝气装置的运行，且不影响河道航运功能。

2.2.2 跌水曝气技术

1. 概述

跌水曝气是指利用河床比降形成的落差或者使用潜水泵提升水体，使水体从高处自由跌落，跌落的同时携带一定的空气跌入下层水体中，被带入水中的空气以气泡形式与水面下层水体充分接触，气泡破裂后，为下层水体富氧。河道落差跌水是河道拦蓄和水位调节等水利工程以及溪流、叠流、瀑布等水景设计中的基本单元，应用非常广泛。相对于人工曝气，该技术充氧效率低、能耗低，维护管理简单。

2. 技术与方法

常见的跌水曝气技术的形式主要有溢流坝跌水曝气、溢流堰跌水曝气、阶梯落差跌水曝气和瀑布水景跌水曝气等。在山区和丘陵地带，可以因地制宜地利用天然势能优势设计落差跌水，水体充氧，降低水体净化处理和曝气所需要的电能消耗。平原河网地区和城市中的河流一般没有明显的自然高差，可以结合河道水位调控工程，依据地形设置人工落差，如橡胶坝、溢流堰、折水涧等，通过落差跌水增强河流的复氧能力。对于比降过大的河段，可以设置成多级落差跌水，形成阶梯状，以梯田状为最佳，每级设计落差不得超过 0.5m，否则会影响鱼类上溯。

2.3 微生物净化技术

微生物净化技术是利用微生物的代谢作用来降解水中污染物，并将其转变成稳定且无害的成分，从而使污染水体得到净化的技术。微生物净化法具有经济、有效的特点，应用广泛。根据微生物对氧的需求不同，分为好氧菌、厌氧菌和兼氧菌三类，根据微生物的附着形式可分为生物膜技术和活性污泥法。在地表水体净化中，常用的微生物净化技术包括生物强化技术和生物膜技术。

2.3.1 生物强化技术

1．概述

生物强化技术是指在生物处理系统中，通过投加具有特定功能的微生物、营养物或基质类似物，增强处理系统对特定污染物的降解能力、提高降解速率、达到有效净化水质的目的。

2．技术与方法

在生物强化技术中筛选降解污染物效果明显、适应性强、竞争力大的高效菌株是关键因素，主要包括以下三种：①利用常规的微生物手段，即通过选择性培养基分离具有特定降解功能的微生物，再通过富集培养、多次分离纯化，并对纯种微生物扩大培养或经复配得到大量高效微生物。使用时，可直接投加高效菌使用，也可制成微生物菌剂以便于微生物贮存及运输，或将微生物固定化应用。②将土著微生物群落通过长期驯化得到具有一定降解能力的微生物菌群。③通过基因工程手段构建高效工程菌。

生物强化技术比一般的废水生物治理方法对目标污染物的去除更有针对性，效果更佳，表现出很好的应用前景。水质水量、投菌量、投菌方式、氧耗、营养物质、工艺、水力停留时间等的变化都会给系统带来不可预测的影响，因此还需要更深入及系统化的研究。

2.3.2 生物膜技术

1．概述

生物膜技术是依靠固定于载体表面上的微生物膜来净化水质。由于微生物细胞几乎能在水环境中任何适宜的载体表面牢固地附着、生长和繁殖，由细胞内向外伸展的胞外多聚物使微生物细胞形成纤维状的缠结结构，可利用生物膜附着在载体的表面，在膜的表面上和一定深度的内部生长繁殖着大量的微生物及微型动物，并形成由有机污染物→细菌→原生动物（后生动物）组成的食物链。污水在流过载体表面时，污水中的有机污染物被生物膜中的微生物吸附，并通过氧向生物膜内部扩散，在膜中发生生物氧化等作用，从而完成对有机物的降解。

2．技术与方法

在河道开辟一处生化反应区，将生物膜载体布置于河道内，河流内原有微生物群落附着于载体上形成生物膜，当河水流过附着在载体上的生物膜时，水体中的污染物与微生物发生物质和能量转化，实现水质净化目的。

生物膜载体是该项技术的核心，载体应适用于河流复杂多变的水流条件，且不能影响河流的航运、泄洪等原有功能，应注意，载体本身不能有毒有害，防止危害水体生态系统。当前生物膜载体种类繁多，在具体应用时应优先选用低成本的天然材料，如砾石。

2.4　自然生物处理技术

自然生物处理技术是利用自然净化功能净化水质的生物处理系统。将污水在系统内停留一定时间，借助天然能源，如太阳能、风能等间接或直接提供氧源，经过系统内微生物的代谢作用，将污染物降解为稳定、无害无机物，从而使水质得到一定程度净化的技术，其构造简单、建设成本和运行成本较低。

2.4.1 稳定塘技术

1．概述

稳定塘是一种利用天然净化能力的生物处理构筑物的总称，主要利用菌藻的共同作用处理废水中的污染物。稳定塘技术在面源汇集、截留净化等方面具有重要作用，可调蓄水量，收集初期径流，降低面源污染对受纳水体的影响。

稳定塘结构简单，其营建对地形的要求不高，在沼泽、峡谷、河道、废弃水库等地形较复杂的地方均可以营建，且大多采用土石为原材料，工程周期较短，营建费用和运转费用较低，维护和维修简单、便于操作。另外，稳定塘能有效去除污水中的有机物和病原体，无需污泥处理，且具有很强的抗冲击能力，无论面对浓度多少的污水，稳定塘系统都能很快适应并对其实施处理。虽然稳定塘具有如此多的优点，但也要看到它的不足：①稳定塘建设有时需要很大的空地，建设不恰当将会浪费土地；②由于稳定塘系统是以太阳能为主、风能为辅的生态系统，所以对气候的要求和依赖性很大，一旦气候无法达到标准就很难运作；③由于稳定塘中水生植物和水产较多，容易产生臭味和引来一些害虫，因此需要加强管理。

2．技术与方法

稳定塘塘址选择必须进行工程地质、水文地质等方面的勘察和环境影响评价。塘址的土质渗透系数宜小于 0.2m/d。塘址的选择必须考虑排洪设施，并应符合建设区域防洪标准的规定，若建在滩涂时，应考虑潮汐和风浪的影响。

稳定塘可通过设定不同水深和不同供养方式控制塘内微生物类型以满足不同水质净化需求，可分为多种类型，常见的类型如下：

好氧塘：好氧塘是一种菌藻共生的污水好氧生物处理塘。深度较浅，一般为 0.3～0.5m。阳光可以直接射透到塘底，塘内存在着细菌、原生动物和藻类，由藻类的光合作用和风力搅动提供溶解氧，好氧微生物对有机物进行降解。适用于 BOD（Biochemical Oxygen Demand，生化需氧量）浓度低于 100mg/L 的污水处理。

兼性塘：有效深度介于 1.0～2.0m。上层为好氧区，中间层为兼性区，塘底为厌氧区，沉淀污泥在此进行厌氧发酵。兼性塘是在各种类型的处理塘中最普遍采用的处理系统。适用于 BOD 浓度低于 300mg/L 的污水处理。

曝气塘：塘深大于 2m，采取人工曝气方式供氧，塘内全部处于好氧状态。曝气塘一般分为好氧曝气塘和兼性曝气塘两种。适用于 BOD 浓度低于 300～500mg/L 的污水处理。

污水稳定塘的设计参考《污水稳定塘设计规范（GJJ/T 54－93)》。

2.4.2 雨水利用塘技术

1．概述

雨水利用是一种综合考虑雨水径流污染控制、城市防洪以及生态环境的改善等要求，利用一定的集雨面收集雨水作为水源，经适当处理并达到一定的水质标准后，通过管道输送或现场使用方式予以利用的全过程。雨水利用塘是雨水利用工程中的一种，通过滞留、沉淀、过滤和生物作用等方式达到高峰削减和径流污染控制目的的雨水塘。

雨水利用塘具有三大好处：一是削减高峰流量，减少外排雨水高峰流量；二是径流污染控制，经滞留塘滞留、沉淀和生物作用等方式处理后的雨水，其污染物的平均浓度能得到有效削减；三是收集利用雨水，截留径流，收集利用的雨水宜用于城市杂用水、娱乐性景观环境用水和工业用水，提高水资源的利用率。

2．技术与方法

雨水利用塘的进水管不宜采用淹没进水。当单个进水管进水量大于总设计处理水量的 10%时，宜设置预沉淀池。预沉淀池总容积宜为径流污染控制量的

10%～20%。预处理沉淀池的底部宜作硬化处理，池中宜安装标尺杆。雨水利用塘出口处应设置防冲蚀措施。当利用塘位于粉砂土质、断裂基岩上时，塘底需设置防渗层。应尽量增大滞留塘进水口到出水口的水流路径，宜通过多级串联方式处理雨水径流污染。当利用塘的设计水位大于 1.2m 时，其周围宜设置安全护坡。雨水利用塘宜采用湿地植物，宜种植在安全护坡或池塘较浅处。

雨水利用塘维护包括：①草地维护：根据景观要求设定维护周期清除杂草。种植草皮高度为 10～15cm。②杂物及垃圾清理：当杂物或垃圾影响景观、堵塞进出水通道时，需要清理，同时需要清理漂浮在水面的垃圾。③水土保持维护：无固定周期，根据检视的状况进行维护，修理由于水土流失造成的水流不畅区。④定期检查：汛期前检查，同时配合三防部门的要求进行清理（例如台风来临前），检查滞留塘包括水流畅通、水土流失、结构性破坏及塘底淤积等状况。⑤出现异味、大量蚊虫时维护：无固定周期，根据检视结果进行，当出现异味或大量蚊虫时需要进行杀虫或清理淤泥。⑥结构性破坏修理：主要进行边坡加固、进水及出水口修理。一般是由于大暴雨造成。⑦淤泥清理：在旱季放空滞留塘，清理淤泥，清理前需先移开种植物，一般 1～5 年清理一次预处理沉淀池，5～10 年清理一次滞留塘，同时根据检查结果进行。⑧入侵物种清理：清理水葫芦等一些入侵植物。

2.4.3　生物景观塘技术

1．概述

生物景观塘是在生物塘内种植一些纤维管束水生植物，如芦苇、水花生、水浮莲、水葫芦等，能够有效地去除水中的污染物，尤其是对氮、磷有较好的去除效果。

2．技术与方法

生物景观塘可选种浮水植物、挺水植物和沉水植物。选种的水生植物应具有良好的净水效果、较强的耐污能力、易于收获和有较高的利用价值。塘水面应分散地留出 20%～30%的水面。设计中应考虑水生植物的收集及其利用和处置。塘的有效水深度，选用浮水植物时，宜为 0.4～1.5m；挺水植物，宜为 0.4～1.0m；沉水植物，宜为 1.0～2.0m。

浮水植物主要漂浮在水面上，直接从大气中吸收 O_2、CO_2，通过根、茎输送到根部，释放于水中，从塘水中吸取营养物质，现在常在稳定塘内种植的浮水植物是凤眼莲，俗称水葫芦。凤眼莲具有较强的耐污性，去污能力也强，叶片呈圆形或心形，茎 6～12cm，叶柄长 10～20cm，叶柄中部以下膨胀成葫芦状的浮囊。丛生，既水平生长又垂直生长。空气中的氧通过凤眼莲的叶和茎送到其根部，释放出溶于水中，细菌及原生动物则聚集其根部。除凤眼莲外，还可在稳定塘内种植的浮水植物还有水浮莲、水花生、浮萍、槐叶萍等，也能够起到改善水质的作用，但去污能力较凤眼莲差，适宜在污染负荷较低的稳定塘内种植，而凤眼莲则可以种植在有机污染负荷较高的稳定塘内。

沉水植物根生于底泥中，茎叶则全部沉没于水中，仅在开花时，花出于水面。沉水植物在光照透射不到的区域不能生长，因此，只能在塘水较小及有机负荷较低的塘中种植。沉水植物在稳定塘内的作用同浮水植物。此外，沉水植物多为鱼类和鸭、鹅等水禽的良好饲料，可以考虑在种植沉水植物的稳定塘内放养水禽动物，建立良好的生态系统。常见的沉水植物有马来眼子菜、叶状眼子菜等。

挺水植物的根生长于底泥中，叶、茎则挺出水面，如水葱、芦苇等，挺水植物生长于浅水中，收割季节需放水。最常见的挺水植物是水葱和芦苇。水葱呈深绿色，茎圆柱形，高 1～1.5m，芦苇为淡绿色，茎也是圆柱形，高可达 3.0m。芦苇用途颇广，是优良的护堤植物，也是纸浆和人造纤维的原料，地下茎可供药用。

2.4.4 人工湿地技术

1. 概述

人工湿地是 20 世纪 70 年代发展起来的新型污水处理和水环境修复技术，常为由土壤或人工填料（如碎石等）和生长在其上的水生植物所组成的独特的土壤－植物－微生物－动物生态系统。在人工湿地系统中，水中的有机质、氮、磷等污染物将发生复杂的物理、化学和生物的转化作用，使污染物被截留、吸收和降解。与传统的二级生化处理相比，人工湿地具有投资低、处理效果好、操作简单、维护和运行费用低等优点。但人工湿地污水处理技术存在较为严重的二次污染问题，收获的植物茎叶无法妥善处置；工程占地面积大，且受气候条件限制较大，部分水生植物不耐寒，易受病虫害影响，容易产生淤积和饱和现象等。

2. 技术与方法

人工湿地技术用于河流水质净化时，依据其所在位置可分为河漫滩湿地系统、复式河床湿地系统、引抽水湿地系统。

河漫滩湿地是河道系统中陆地与水体之间的过渡系统，按照系统布水方式属于自由表面流湿地，主要由四部分组成：①自然土壤基质；②适宜在饱和水和厌氧基质中生长的植物，如美人蕉、香蒲等；③在基质表面流动的水体；④好氧或厌氧微生物种群。其净化污水的机理是：湿地生态系统中所发生的物理、化学和生物学作用的综合效应，包括沉降、吸附、过滤、分解、固定、离子交换、络合反应、硝化和反硝化作用、营养元素的摄取、生命代谢活动的转化和细菌、真菌的异化作用等。通过对既有河道的整治改造，在河漫滩上进行局部扩展，建立能提高河道自净能力的河道湿地，不仅可以对河道水体污染进行治理，还可以美化环境，保持河道的自然生态，为水生动物与两栖动物提供栖息地。

　　复式河床湿地系统是在河床上构造人工湿地系统，利用人工湿地净污原理有效的净化河流水体；通过将河床断面形态改造成浅滩与深槽并存的复式河床结构，以及在河流纵向蜿蜒交错布设河床湿地系统，使河流在横向上和纵向上形成多样化环境，利于水生生物栖息生长和河流生物多样性，且不影响河流原有功能，实现净污与生态功能的统一。开挖改造原河床，在新河床上由底至上逐层填充 30～60mm 圆形砾石、12mm 中等砾石、6mm 砾石、粗砂和土壤等基质，形成复式河床。复式河床浅滩顶部位于河流的枯水位之下，浅滩的土壤层上种植水生植物。复式河床深槽斜坡以生态混凝土护砌，形成生态净污型复式河床湿地系统。河宽不小于 50m 的河流中，在河流的纵向上两岸内侧连续布设生态净污型复式河床湿地系统，系统宽度不一，边缘呈流线型；河宽大于 10m 小于 50m 的河流中，在河流的纵向上两岸内侧交错间隔布设生态净污型复式河床湿地系统，每个系统呈圆弧型；河宽不大于 10m 的河流中，在河流的纵向上两岸外侧交错间隔布设生态净污型复式河床湿地系统，每个系统呈圆弧型，在每个河床湿地系统上游设置抛石拦堰和深潭形成跌水，并利用跌水控制水流方向，使水流沿较佳角度进入河床湿地系统。在河床湿地系统的砾石层铺设布水器，待处理河水通过布水器均匀布设在河床湿地系统。

　　引抽水人工湿地净化技术是指在河道旁边建立独立的人工湿地处理系统，将部分河水从主河道内引抽分流出来进行单独处理，净化后的水再返回河道，这种引抽人工湿地净化技术介于异地处理法和原位处理法之间，既可保证污染河水得到充分有效的处理，保障河道原有各功能的作用，又避免投入巨资兴建管网，是目前受污染河流治理中值得关注的一个新思路。

　　引抽水人工湿地包括引抽水表面流人工湿地和引抽水潜流人工湿地两种。适用条件：适用于流量较小的中小型河流，年内径流量变化和丰枯水情下河道水位变化不宜过大，应保证枯水期河道内仍有一定水量；适用于中度、轻度污染河流水体，不适合黑臭水体净化；河道内泥沙含量不宜过高，若在高泥沙河流中应用时，应在引抽水人工湿地前设置沉砂池；河道附近有自然坡度为 0～3% 的洼地或塘，或者经济价值不高的荒地，作为引抽水人工湿地河流水质净化工程的场址，且人工湿地工程的场址应能保证不受洪水、潮水或内涝的威胁；引抽水人工湿地工程的场址的地形高程符合排水通畅、降低能耗、平衡土方的要求，且能满足水流形成重力流分布，减少污水提升动力消耗；引抽水人工湿地工程场址与居民住宅的距离应符合卫生防护距离的要求，并能保证不对周围环境造成影响和存在生态风险。引抽水人工湿地的设计应遵循《人工湿地污水处理技术规范》（DG/TJ 08－2100－2012）和《人工湿地污水处理技术导则》（RISN－TG 006－2009），其设计步骤如下：

（1）选址。因地制宜，尽量选择有一定自然坡度的洼地或经济价值不高的荒地，一方面减少土石方工程，利于排水，降低投资；另一方面防止对周围环境产生影响。

（2）确定引抽水河流水量及抽水方式。引抽水量由河道水文条件及人工湿地规模来确定，引抽方式优先采用重力自引。

（3）确定系统的组合方式。根据场地特征、处理要求和所处理污水的性质来确定。系统形式有单一式、并联式、串联式、综合式。

（4）确立水力负荷。

（5）选择植物。选择原则：耐污能力和抗寒能力强，由易于本乡土生长，最好以本乡土植物为主；根系发达，茎叶茂密；抗病虫害能力强；有一定的经济价值和美观效果。

（6）计算表面积。$A_s=Q/a$

式中：A_s 为表面积，Q 为进水量，a 为水力负荷。

（7）确定长宽比。表面流湿地：长宽比 10:1 或更大，根据地形来考虑，底坡降 0～1%；潜流湿地：根据达西定律 $Q=K_sAS$，其中 S 为水力坡度，A 为湿地床横截面积，K_s 为潜流渗透系数。

（8）结构设计。净水系统的布置：湿地床的进水系统应保证配水的均匀性，一般采用多孔管和三角堰配水装置。填料的使用：湿地床由三层组成，即表层土层、中层土层和下层小豆石。表层土钙含量以 2～2.5kg/100kg 为好；砾石层粒径为 5～50mm，铺设厚度为 0.4～0.7m。潜流式湿地床的水位控制：当接纳最大设计流量时，进水端不能出现填料床面的淹没现象；为有利于植物生长，床中水面浸没植物根系的深度应尽可能均匀。

2.4.5　前置库技术

1．概述

前置库技术是利用水库的蓄水功能，将因表层土壤中的污染物（营养物质）淋溶而产生的径流污水截留在水库中，经物理、生物作用强化净化后，排入所要保护的水体。20 世纪 50 年代后期，前置库就开始被作为流域面源污染控制的有效技术进行开发研究。

前置库对控制面源污染，减少河湖外源有机污染负荷，特别是去除进入水体地表径流中的氮、磷安全有效。但前置库技术存在着植被二次污染、不同季节水生植被交替和前置库淤积等问题。

2．技术与方法

前置库由 3 个部分组成，即沉降、导流与回流系统和强化净化系统。其组成结构图如图 2-4 所示。

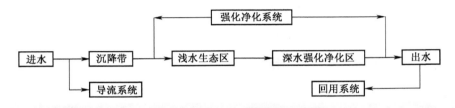

图 2-4　强化净化前置库系统的组成结构图

沉降带：利用既有的沟渠，加以适当改造，并种植芦苇等大型水生植物，对引入物理系统的地表径流中的颗粒物、泥沙等进行拦截、沉淀处理。

导流与回用系统：在降暴雨时，为防止前置库系统暴溢，把初期雨水引入前置库后，后期雨水通过导流系统流出。处理出水要根据需要，经回用系统进行综合利用。

强化净化系统：①浅水生态净化区。此区域类似于砾石床的人工湿地生态处理系统。首先沉降带出水以潜流方式进入砾石和植物根系组成的具有渗水能力的基质层，污染物质在过滤、沉淀、吸附等物理作用、微生物的生物降解作用、硝化反硝化作用以及植物吸收等多种形式的净化作用下被高效降解；再进入挺水植物区域，进一步吸收氮、磷等营养物质，对入库径流进行深度处理。②深水强化净化区。利用具有高效净化作用的易沉藻类，具有固定化脱氮除磷微生物的漂浮床，以及其他高效人工强化净化技术进一步去除氮、磷、有机物等，库区可结合污染物净化进行适度水产养殖。

经典的前置库是一种相对较小的，水滞留时间为几天的小水库。在前置库中营养物质首先通过浮游植物从溶解态转化成颗粒态，接着浮游植物和其他颗粒物质在前置库和与主体水体链接处沉降下来。沉降过程包括自然过程和絮凝沉降。水体中正常存在着磷酸盐的化学絮凝和吸附过程，但在前库中，当 pH 值为 6～8 时，藻类对正磷酸盐的摄取远大于这种物理化学过程。前置库中的沉降过程受沉积物和絮凝物质的影响，还与生物的组成有关，前置库中若沉降速率较大的藻类（如硅藻）占优势，同时避免各种滤食性浮游动物如水蚤的大量繁殖，防止造成浮游植物生物量的急骤下降和营养物质的大量再矿化，可有效地加大正磷酸盐的沉降和去除。改变前置库内的生物组成，如以生长快的硅藻替代生长慢的蓝绿藻和浮游动物，调整鱼类群落结构减少滤食性动物数量，可增强前置库区对有机物的去除能力。前置库夏天滞水时间一般为 2 天，春秋天为 4～8 天，冬天为 20 天。前置库的设计、营建和运行是影响污染物去除率的关键因素。在设计过程中要考虑光照、温度、水力参数、水深、滞水时间、前置库容、存贮能力、污染负荷大小等因子。对氮的去除率是滞水时间和氮、磷比的函数，一般氮、磷比越小，去除率越大。

前置库的坝址选择要根据污染物来源、库区地形形态、库容要求、与主坝的相对位置、交通方便与环境美观等条件综合确定，坝的高度要根据前置库的库容和主库的特征水位综合确定，坝的类型（土坝、堆石坝或混凝土坝）要根据成本、施工方便以及前置库—主库联结方式综合确定。对于坝体结构的设计，参照透水坝的结构，采用如下原则：①满足前置库的功能要求；②满足稳定要求；③便于施工和运行管理。

2.4.6 生物浮床技术

1. 概述

生物浮床技术是以可漂浮材料为基质或载体，将高等水生植物或陆生植物栽植到富营养化水体中，通过植物的根系吸收或吸附作用，削减水体中的氮、磷及有机污染物质，从而净化水质的生物防治法。"生物浮岛""人工生物浮床""生物浮床""人工浮岛""浮床无土栽培"等均为相同或类似的概念。

生物浮床技术，需要设计制造一种浮力大、承载力强、耐水性好、不易老化，既能固定植物根系，又能保证植物生长所需要的水分、养分和空气的浮体装置。

2. 技术与方法

大小与形状：整个浮床由多个浮床单体组装而成，每个浮床单体边长可为1～5m，但为了方便搬运和施工及耐久性等问题，一般采用 2～3m，以四方形为多但考虑到景观、美观、结构稳固的因素，也有三角形及六边蜂巢型等形状。

结构设计：包括框体、床体、基质和植物。框体宜选用 PVC 管、不锈钢管、木材和毛竹做框体。一般情况下，推荐选用 PVC 管；经济允许且抗冲击能力要求高时，宜选用不锈钢管材质框体；对生态要求高、要求更贴近自然时，宜选用木材和毛竹，但需注意这两类材质耐久性相对较差。床体用于栽种植物、为浮床提供浮力，推荐采用聚苯乙烯泡沫板。对于以漂浮植物进行浮床栽种，可以不用浮床床体，依靠植物自身浮力而保持在水面上，利用浮床框体、绳网将其固定在一定区域内这种方法也是可行的。浮床基质用于固定植物植株，同时要保证植物根系生长所需的水分、氧气条件及能作为肥料载体，推荐使用海绵和椰子纤维。浮床植物是浮床净化水体主体，可根据建设区域的气候、水质条件选择美人蕉、芦苇、荻、水稻、香根草、香蒲、菖蒲、石菖蒲、水浮莲、凤眼莲、水芹菜、水雍菜等水生植物。

2.5　生态拦截技术

生态拦截技术即充分利用土地和植被的净化能力，建立生态系统，利用系统的过滤、吸附、植物吸收、微生物代谢等综合作用截留、去除水中的污染物，达到净化水质的目的。包括缓冲带技术和生态沟渠技术。

2.5.1　缓冲带技术

1．概述

缓冲带又称滨岸缓冲带、河岸植被缓冲带、植被过滤带、河岸缓冲带、保护带等，术语众多，是指河岸两边向岸坡爬升的由树木（乔木）及其他植被组成的缓冲区域，其功能是防止由坡地地表径流、废水排放、地下径流和深层地下水流所带来的养分、沉积物、有机质、杀虫剂及其他污染物进入河湖系统。

滨岸缓冲带可设置在面源污染源和受纳水体之间，在管理上与污染源分割的地带，主要通过土壤—植被系统和湿地处理系统的方式，削减进入水体的面源污染负荷。它不仅能有效防止过量施用的化肥流入和渗入水系，还能分解、吸收渗出和流出的有机肥料，分解和阻滞农药、除草剂的污染，防止水土流失和河道堵塞。

植被缓冲带的主要功能：①减少污染物。河流两岸一定宽度的植被缓冲带可以通过过滤、渗透、吸收、滞留、沉积等河岸带物理、化学和生物功能效应减少进入地表和地下水体的沉淀物、氮、磷、杀虫剂和真菌。②稳固河岸。与没有植被缓冲带的河岸相比，建设有缓冲带的河岸其地下水能够较慢地进入河流，保持河流流量的相对稳定。缓冲带可以通过吸收地表径流和降低径流流速来减少水流对河岸和河床的冲刷。③调节流域微气候。在夏天，河岸缓冲带的植被可为河流及部分水生生物提供遮阴：在郁闭度较高的河流或河段，仅 1%～3% 的太阳光能到达河水表面，降低夏天的水温。在冬天植被缓冲带吸收反向辐射，会提高水温。同时植被还会减少河流附近的蒸发和对流。④为河流生态系统提供养分和能量。河岸植被及汇水区林木每年都向河水中输入大量的枯枝、落叶、果实和溶解的养分等漂移有机质，成为河流中异养生物（如菌类、细菌等）的食物和能量的主要来源。⑤增加生物多样性。河岸植被缓冲带所形成的特定空间是众多植物和动物的栖息地，目前已发现许多节肢动物和无节肢动物都属于河岸种属。

2．技术与方法

任何缓冲带的设计都要考虑包括缓冲带的位置、缓冲带的宽度、植被类型、管理方式等诸多要素，这些要素取决于缓冲带的立地条件，包括污染类型和负荷、缓冲带截留和转化污染物的能力、降低污染的程度等。

（1）缓冲带的位置

一般情况下，处于河流上游较小支流的河岸带最需要保护。考虑到集水区内的累积效应，在分水岭这样具有连接作用的特殊地方也同样应该设置缓冲带。当然整个流域都需要健康的河岸缓冲带。对于具体地段而言，科学地选择缓冲带位置是缓冲带有效发挥作用的先决条件。从地形的角度，缓冲带一般设置在下坡位置，与地表径流的方向垂直。对于长坡，可以沿等高线多设置几道缓冲带以削减水流的能量。在溪流和沟谷边缘要全部设置缓冲带，间断的缓冲带会使缓冲效果大大减弱。

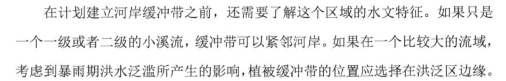

在计划建立河岸缓冲带之前，还需要了解这个区域的水文特征。如果只是一个一级或者二级的小溪流，缓冲带可以紧邻河岸。如果在一个比较大的流域，考虑到暴雨期洪水泛滥所产生的影响，植被缓冲带的位置应选择在洪泛区边缘。

（2）缓冲带的宽度

如果径流分布均匀，则缓冲带宜固定下来；若径流分布不均匀，应根据径流量和缓冲带立地条件的变化来加大或减小缓冲带在不同区域的宽度，做到缓冲带的宽度有一定变化。可以在地形图上画出产流区和径流流入缓冲带的区域，根据汇入缓冲带径流区域的大小，对缓冲带的宽度进行必要的调整来对应不同的径流量，若流入缓冲带的径流区域较大、污染物负荷较高，则对应的缓冲带应较宽。

具体实施过程中，缓冲带宽度是由以下多个因素决定的：缓冲带建设所能投入的资金；该地点缓冲带河岸的几何物理特性，如坡度、土壤类型、渗透性和稳定性等；该流域上下游水文情况和周边土地利用情况；缓冲带所要实现的功能；土地所有部门或是业主提出的要求和限制。一般而言，缓冲带的宽度越大越好，但是由于污染严重河段往往人地关系紧张，在建设缓冲带时需要明确一个最小宽度，这个值与河流类型、地质、土壤、水位以及相邻土地利用类型等因素密切相关，不可一概而论。表2-1、表2-2统计了不同宽度缓冲带的效用，可为缓冲带设计提供参考。

表 2-1　适宜缓冲带宽度值

功能	宽度（m）	说明
水土保持	18	截获 88%的农田流失土壤
	30	防止水土流失
	80	减少 50%～70%的沉淀物
	30	控制养分流失
	80	过滤污染物
防治污染	30	控制磷的流失
	30	控制氮的流失

资料来源：李林英，王弟，齐实等编著，《河岸植被带恢复技术》，北京：中国林业出版社，2013。

表 2-2　美国河岸缓冲带对沉积物的去除效率统计

类型	去除率（%）	宽度（m）
基本型	>80	4～9
	>80	9
	>80	24
	>80	25
	>80	61
草本型	66～77	3～6
	30～60	6～18
	40～100	20
	<50	26
林地—草本混合型	70～90	7～16
林地型	75～80	30

资料来源：李林英，王弟，齐实等编著，《河岸植被带恢复技术》，北京：中国林业出版社，2013。

美国林务局（USDA-FS）在 1991 年制定的《河岸植被缓冲带区划标准》中规定在 3 区缓冲带中，第 1 个缓冲带的宽度为 4～5m，第 2 个区域为 18m，第 3 个缓冲区为 6m。在较大的河流和大江中，为了保护泛洪区，需要对这些区域的宽度进行修正才能使用。

（3）缓冲带的植被

在构建合适的植被缓冲带时，首先要考虑缓冲带植被的复杂度，植被复杂度包括植被的搭配，分为垂直分层和水平分层。复杂度也包括植被的分层情况；每层中的物种组成；物种间的竞争作用以及存留的各种植物残骸。缓冲带植被可划分为乔木层、小乔木层、灌木层、蔓生植物层和草本植物层。相对于垂直分层，缓冲带植被结构中的物种组成和成熟株与幼龄株比例都相当重要。完善的缓冲带植被的垂直分层，就是要增加植被的种类，加大植株的年龄跨度，丰富物种和生长形态，包括草、藤、灌、乔，从而达到单位面积内生物数量的稳定。缓冲带植被的水平分布也需要仔细确定，物种的分布取决于径流情况、地下水的状况、土壤类型和排水条件，且随着时间发生动态变化。采用不同的植被恢复计划，通过不同的干扰方式，会形成特有的植被演替模式。新的干扰能够导致新的演替进程。在缓冲带中，干扰主要来源于径流、水流变化、河道冲刷，不同生物群落间的相互作用等。要对某缓冲带进行植被恢复，从水平分层的角度考虑，就要了解该地自然演替模式，先种植演替初期物种对河岸进行稳固，接着种植当地能够长时间存活物种和演替后期物种对缓冲带进行恢复。

缓冲带植被的选择要遵循自然规律。通过调查河岸周围，了解适应该环境的优势种。缓冲带植被中土著种越多，缓冲带看上去就越接近天然状态，并且它的生态功能也就越强。在进行缓冲带植被的选取时，需要制定详细的计划，调查并记录当地乔木、灌木、地面覆盖物、蔓生植物和草本各类植被的特性。如某物种的特性：落叶/常绿；成熟植株的高度；生长率；根系生长情况；日晒下植株生长情况；部分遮荫植株生长情况；干燥土中植株生长情况；潮湿土中植株生长情况；充当栖息地和食物作用；用于景观作用；完全遮荫下植株生长情况；植株寿命等。

构建缓冲带的目的也会影响植物种类的选取和种植。在城市和人口聚居区域，通过公园和景观绿地的形式，乔木和灌木截留分解污染物质的效果更佳，并可形成良好的生态景观和动植物栖息地。在农田和水路之间那些没有喜阴植物的缓冲带中，灌木和草本植物就可以形成一个草木丛生的缓冲带，乔木可以栽在该区域的边界。在提高水质和提供栖息地的作用上，乔木比其他植物有许多优势。乔木林不容易被沉淀物质堵塞而窒息，并有发达的根系固土防冲刷侵蚀。在地面以上，乔木为那些沿水道迁移的鸟类和野生动植物提供更好的遮蔽。当然，如上述，当地的土著乔木种要比外来物种有更好的效果。

种植植物不是种植所有可能适当的物种，而是种植优势物种或是那些没有入侵性的物种。试着掺入一些不同种类的植物，以利于构建更多不同种类的栖息地，延长落叶期，增加落叶种类，为水生昆虫化蛹提供各种食物。这样可以避免针对某种特定植物的病虫害的发生。尽可能在种植的缓冲带植物中加入一些落叶植物，因为它们的树叶碎片对营养物质的捕获意义重大。要优先考虑种植那些有多重价值的植物，如：植物的深根系能加固岸堤，本身又可用做木料，还可以提供水果，供鸟类筑巢等。当然也不要忽略美学价值——应该考虑植物各个季节的颜色、花、果实和枝条的形态。缓冲带的植物高度应该不小于小溪的宽度，这样才可以提供充足的树阴来保持水体的凉爽，抑制藻类大量生长。

选定了合适的物种之后，还需要制定一份详尽的种植计划：①安排进度表，将植物栽种的时间安排好。在乔木和灌木休眠的时候栽种，即早春蓓蕾初破之前和大地解冻之后或是深秋树叶凋落后。②划分功能区。考虑边界制约因素，边界的使用情况，特殊的自然/文化属性和栖息地的生态敏感性等情况。③制定种植计划，确定所需树木的数量。确保树木具有生态效应，灌木间隔空间应为120～200cm；小乔木间隔空间为6m（当完全成熟时为10m）；大乔木为10m；而草本植株间隔为40～120cm。④考虑土壤是否饱和，排水性是否良好。某些植物适合于湿土，而另一些则不然。⑤确定物种幼苗的来源并检查其质量，这一点相当重要。

（4）缓冲带的结构和布局

植被缓冲带种植结构影响着缓冲带功能的发挥。在缓冲带宽度相同的条件下，草本或森林——草本植被类型的除氮效果更好。而保持一定比例的生长速度快的植被可以提高缓冲带的吸附能力。一定复杂程度的结构使得系统更加稳定，为野生动物提供更多的食物。

美国林务局建议在小流域建立"三区"植被缓冲带。紧邻水流岸边的狭长地带为一区，种植本土乔木，并且永远不进行采伐。这个区域的首要目的是：为水流提供遮阴和降温；巩固河流堤岸以及提供大木质残体和凋落物。紧邻一区向外延伸，建立一个较宽的二区缓冲带，这个区域也要种植本土乔木树种，但可以对他们进行砍伐以增加收入。它的主要目的是移除比较浅的地下水的硝酸盐和酸性物质。

紧邻二区建立一个较窄的三区缓冲带，三区应该与等高线平行，主要种植草本植被。三区的首要功能是拦截悬浮的沉淀物、营养物质以及杀虫剂，吸收可溶性养分到植物体内。为了促进植被生长和对悬浮固体的吸附能力，每年应该对三区草本缓冲带进行 2～3 次割除。

另外，与较宽但间断的缓冲带相比，狭长且连续的河岸缓冲带从地下水中移除硝酸盐的能力更强。

2.5.2　生态沟渠技术

1．概述

生态沟渠是指应用生态学原理，在保证输水安全的前提下，在排水沟渠内通过植草、铺设过滤层，使其具备较高的净化水质的能力。在我国部分农村，一般是将现有的硬质化沟道改成生态型沟道，在沟渠中配置植物，并可根据实际情况设置透水坝、拦截坝等辅助措施，形成具有较高水质净化能力的生态排水沟渠。

2．技术与方法

生态拦截型沟渠系统主要由工程部分和生物部分组成，工程部分主要包括渠体及生态拦截坝、节制闸等，生物部分主要包括渠底、渠两侧的植物。

渠体的断面宜设为等腰梯形，深度控制在 0.5m 左右。渠壁、渠底均为土质。生态沟渠的出水口用混凝土营建拦截坝，拦截坝的高度约为 0.5m，低于排水沟渠渠埂 0.1m，并在拦截坝上建一个排水节制闸。根据需要可将拦截沟渠的水位分为 20cm（旱作）、50cm（种植水稻及水生蔬菜）溢流 2 种状态。

生态拦截坝针对平原河网地区河网密集、水力坡降小的地形特点，以及农业非点源污染的时空不均匀性，用砾石或碎石在河道中的适当位置人工垒筑坝体，利用坝前河道的容积储存一次或多次降雨的径流，通过坝体的可控渗流来调节坝体的过流量，同时抬高上游水位，为下游的处理单元提供"水头"。它既可以拦蓄径流，也具有一定的净化效果，由于径流在坝体内具有一定的停留时间，所以通过坝体表面种植的植物及"根区"（植物根系及根系附近的微生物形成的微环境）的共同作用，能够降解径流中的氮、磷等营养物质。其剖面为梯形复式结构，坝坡的边坡系数为 1:1～1:2.5，用炉碴、碎砖等多孔材料建成与渠体断面相对称的渗漏型生态拦截坝，坝高 0.4m，与渠埂持平，宽 0.3m。透水坝分布在沟渠中。

生态沟渠中的植物应选择对氮、磷营养元素具有较强吸收能力、生长旺盛、具有一定经济价值或易于处置利用，并可形成良好生态景观的植物。生态沟渠中的植物可由人工种植和自然演替形成，沟壁植物以自然演替为主，人工辅助种植如狗牙根（夏季）、黑麦草（冬季），沟中夏季应种植如空心菜、茭白，冬季种值如水芹等。也可全年在水底种植菹草、马来眼子菜、金鱼藻等沉水植物。由于水生植物死亡后沉积水底会腐烂，向水体释放有机物质和氮磷元素，造成二次污染，因此沟渠的水生植物要定期收获、处置、利用。若沟底淤积物超过10cm 或杂草丛生，严重影响水流的区段，要及时清淤，保证沟渠的容量和水生植物的正常生长。

第 3 章　生境修复与生物多样性保护技术

　　遵循水生态系统的整体性原则，本章主要介绍生境保护与修复技术及生物多样性保护技术。其中，生境保护与修复从不同的生境空间尺度出发，主要包括河流蜿蜒度构造、横断面多样性修复、生态型护岸、河道内栖息地加强、河湖生态清淤等中观、微观尺度上的技术，以及水系连通、岸线控制、生态清洁小流域治理等宏观尺度上的技术。生物多样性保护从维护目标生物的栖息地环境及全过程生活史角度出发，主要包括过鱼设施、增殖放流、迁地保护、"三场"维护、分层取水、过饱和气体控制等技术。

3.1　生境保护与修复技术

3.1.1　河流蜿蜒度构建技术

1. 概述

　　蜿蜒度构建技术是指利用复制法、经验关系法等多种方法修复河流的平面蜿蜒性特征。其主要目的是在满足河道行洪能力的前提下，通过改善河流蜿蜒度提高河流平面形态多样性，从而形成异质性的地貌单元，增加河流地貌特征的多样性。

2. 技术与方法

河流蜿蜒性特征的修复可采用如下几种方法：①复制法：完全采用干扰前的蜿蜒模式；②应用经验关系：采用航拍等手段对某一特定区域的蜿蜒模式进行调查，并在此基础上建立河道蜿蜒参数与流域水文和地貌特征的关系；③参考附近未受干扰河段的模式：在恢复河道段的蜿蜒设计中，将附近未受干扰河段的蜿蜒模式作为模板；④自然恢复法：通过适当设计，允许河流自身调整，并逐渐演变到一个稳定的蜿蜒模式。

表征河流蜿蜒性特征的参数如图 3-1 所示。

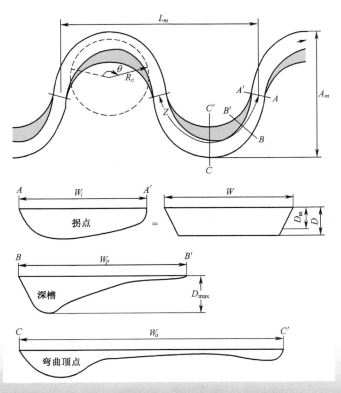

图 3-1　表征河流蜿蜒性特征的参数

L_m 为河湾跨度，z 为弯曲段长度，R_c 为曲率半径，θ 为中心角，A_m 为河湾幅度，D 为相应于梯形断面的河道深度，D_m 为平均深度（断面面积/W），D_{max} 为弯曲段深槽的深度，W 为河道宽度均值，W_i 为拐点断面的河道宽度，W_p 为最大冲坑深度断面的河道宽度，W_a 为弯曲顶点断面的河道宽度。

3.1.2 河流横断面多样性修复技术

1. 概述

河流横断面多样性修复技术是指根据自然河流的横断面特点，采用人工设计与河床演变相结合的方式对横断面的多样性特征进行修复。其主要目的是在满足河道行洪能力要求的前提下，对现有经过人工改造过的矩形断面或梯形断面河道进行多样性修复。

2. 技术与方法

自然河流在横向上的主要组成部分包括主河槽、洪泛区和过渡带。以复合型断面作为典型断面，在满足设计洪峰流量和平滩流量的基础上，对典型断面进行局部调整，以形成多样化的断面形态，如图 3-2 所示。

3.1.3 河道内栖息地加强技术

河道内栖息地是指具有生物个体和种群赖以生存的具有物理化学特征的河流区域。河道内栖息地加强技术是指利用木材、块石、适宜植物以及其他生态工程材料相结合而在河道内局部区域构筑特殊结构，通过调节水流及其与河床或岸坡岩土体的相互作用而在河道内形成多样性地貌和水流条件，例如水的深度、湍流和均匀流、深潭或浅滩等，从而增强鱼类和其他水生生物栖息地功能，促使生物群落多样性提高。

河道内栖息地加强结构的技术关键在于通过河道坡降及流场的局部改变，调整河道泥沙冲淤变化格局，形成相对蜿蜒的河道形态，使之具有深潭—浅滩序列特征；同时利用掩蔽物，增强水域栖息地功能。工程设计中需致力于满足尽可能多的物种对适宜栖息地的要求。具体设计目标包括：创建深水区，重建深潭栖息地；缩窄局部河道断面，增强局部冲刷作用，调整泥沙冲淤变化格局，重建浅滩；增加掩蔽物，为鱼类创建躲避被捕食或休息的区域；通过添加木质残骸，为水生生物提供适宜的河床底质和食物等。河道内栖息地加强结构类型一般分为五大类：砾石/砾石群、具有护坡和掩蔽作用的圆木、叠木支撑、挑流丁坝和生态堰等。

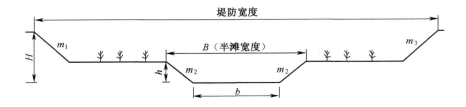

典型复式断面（m_1、m_2 为斜坡坡率，H 为河底到堤顶高度，h 为河底到滩顶高度）

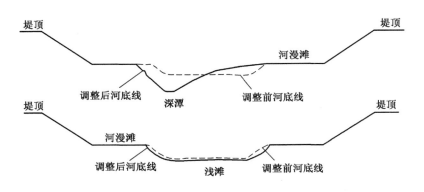

图 3-2　多样化的断面形态示意图

◆ **3.1.3.1　砾石和砾石群**

1. 概述

传统水利工程从防洪、航运等目的出发，往往要清除河道内的障碍（如突出的砾石），从而使河床相对比较平坦。可是河道障碍物的清除及河床平坦化会导致栖息地多样性和复杂度降低甚至丧失。在均匀河道断面上安放砾石或砾石群可以增加或修复河道结构的复杂度和水力条件的多样性，这对于很多生物都是非常重要的，包括水生昆虫、鱼类、两栖动物、哺乳动物和鸟类等。除此之外，其对生物的多度、组成、水生生物群的分布也具有重大影响。

2. 技术与方法

砾石群的栖息地加强作用能否得到充分发挥取决于诸多因素，在设计中必须给予重视，例如河道坡降、河床底质条件、泥沙组成及其运动力学问题等。砾石群一般应用于微观栖息地修复与加强，比较适合于顺直、稳定、坡降介于0.5%～4%的河道，在河床材料为砾石的宽浅式河道中应用效果最佳。注意不宜在细沙河床上应用这种结构，否则会在砾石附近产生河床淘刷现象，并可能导致砾石失稳后沉入冲坑。设计中可以参考类似河段的资料来确定砾石的直径、间距、砾石与河岸的距离、砾石密度、砾石排列模式和方向，以及预测可能产生的效果。砾石群的几种典型排列示意图，如图 3-3 所示。

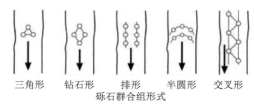

三角形　钻石形　排形　半圆形　交叉形
砾石群合组形式

鸟瞰图

1/3　　　　　　　水流

可布置砾石群的区域

图 3-3　砾石群在平面上的排列示意图

在平滩断面上，砾石所阻断的过流区域应在 20%～30% 范围内。取决于河道规模，一组砾石群一般包括 3～7 块砾石，间距在 15cm～1m 之间，如图 3-4 所示。砾石群之间的间距一般介于 3～3.5m 之间。砾石要尽量靠近主河槽，约在深泓线两侧各 1/3 的范围，以便加强枯水期栖息地功能。Washougal 河流的砾石群如图 3-4 所示。

图 3-4　Washougal 河流的砾石群

◆ 3.1.3.2　具有护坡和掩蔽作用的圆木

1. 概述

圆木具有多种栖息地加强功能，不仅可用于构建护坡、掩蔽、挑流等结构物，而且还可向水中补充有机物碎屑。具有护坡功能的结构常采用较粗的圆木或树墩挡土和抵御水流冲击。一般与植物纤维垫组合应用，同时起到冲刷侵蚀防护的作用，如图 3-5 所示。也可以应用多根圆木，形成木框挡土墙或叠木支撑，起到护坡和栖息地加强的作用。

2. 技术与方法

放置于河道主槽内的圆木或树根除具有护坡、补充碳源的功能之外，还具有掩蔽物的作用。在一些情况下，可以采用带树根的圆木（树墩）控导水流，保护岸坡抵御水流冲刷，并为鱼类和其他水生生物提供栖息地，为水生昆虫提供食物来源。一般而言，树墩根部的直径为 25～60cm，树干长度为 3～4m。树墩主要应用于受水流顶冲比较严重的弯道凹岸坡脚防护，可以联成一排使用（见图 3-6），也可以单独使用，用于局部防护（见图 3-7）。

图 3-5　圆木护坡结构

图 3-6　正在施工的树墩掩蔽物

图 3-7　溪流两岸的树墩掩蔽结构

　　一般要求树根盘正对上游水流流向，树根盘的 1/3～1/2 埋入枯水位以下。如果冲坑较深，可在树墩首端垫一根枕木（见图 3-8），如果河岸不高（平滩高度的 1～1.5 倍），需在树墩尾端用漂石压重。如果河岸较高，并且植被茂密、根系发育，也可不使用枕木和漂石压重。

　　树墩的施工方法有两种，一种是插入法，使用施工机械把树干端部削尖后插入坡脚土体，为方便施工，树根盘一端可适当向上倾斜。这种方法对原土体和植被的干扰小，费用较低。另一种方法是开挖法，其施工步骤见图 3-8。首先根据树墩尺寸和设计思路，对岸坡进行开挖，然后根据需要，进行枕木施工，枕木要与河岸平行放置，并埋入开挖沟内，沟底要位于河床之下。然后把树墩与枕木垂直安放，并用钢筋固定，要保证树根直径的 1/3 以上位于枯水位之下。树墩安装完成后，将开挖的岸坡回填至原地表高程。为保证回填土能够抵御水流侵蚀并尽快恢复植被，可应用土工布或植物纤维垫包裹土体，逐层进行施工，在相邻的包裹土层之间扦插活枝条。

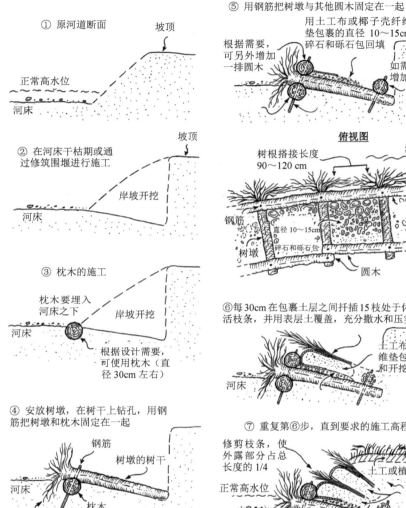

① 原河道断面
坡顶
正常高水位
河床

② 在河床干枯期或通过修筑围堰进行施工
坡顶
岸坡开挖
河床

③ 枕木的施工
枕木要埋入河床之下
岸坡开挖
河床
根据设计需要，可使用枕木（直径 30cm 左右）

④ 安放树墩，在树干上钻孔，用钢筋把树墩和枕木固定在一起
钢筋
树墩的树干
河床
枕木
树根盘埋入河床 60～90cm

⑤ 用钢筋把树墩与其他圆木固定在一起
用土工布或椰子壳纤维垫包裹的直径 10～15cm 碎石和砾石包回填
根据需要，可另外增加一排圆木
如需要，可另外增加一排圆木

俯视图
树根搭接长度 90～120 cm
河流
钢筋
直径 10～15cm
树墩
碎石和砾石包
圆木

⑥每30cm在包裹土层之间扦插15枝处于休眠期的活枝条，并用表层土覆盖，充分撒水和压实
土工布和植物纤维垫包裹的表土和开挖土混合物
河床

⑦ 重复第⑥步，直到要求的施工高程
修剪枝条，使外露部分占总长度的1/4
正常高水位
河床
土工或植物纤维垫
混合土

图 3-8　利用开挖法进行树墩施工的程序

◆ 3.1.3.3　挑流丁坝

1. 概述

挑流丁坝（deflector）一般应用于纵坡降缓于 2%，河道断面相对比较宽而

且水流缓慢的河段，通常沿河道两岸交叉布置，或成对布置在顺直河段的两岸，用于防止治理河段的泥沙淤积，重建边滩或诱导主流呈弯曲形式，使河流逐渐发育成深潭和浅滩交错的蜿蜒形态。但是，因自然形成的浅滩是重要的鱼类觅食和产卵区，需加以保护，不应在此类区域修建挑流丁坝。

2. 技术与方法

可单独采用圆木或块石，如图 3-9 所示，也可以采用石笼或在圆木框内填充块石的结构型式修建挑流丁坝。此类结构对于防止河岸侵蚀、维持河岸稳定也具有一定的作用。但是，若丁坝位置和布局设计不合理，则有可能导致对面河岸的淘刷侵蚀，造成河岸坍塌，此时需要在对岸采取适宜的岸坡防护措施。一般来说，自然河道内相邻两个深潭（浅滩）的距离在 5～7 倍河道平滩宽度范围，因此，上下游两个挑流丁坝的间距至少应达到 7 倍河道平滩宽度。丁坝向河道中心的伸展范围要适宜，对于小型河流或溪流，挑流丁坝顶端至河对岸的距离即缩窄后的河道宽度可在原宽度的 70%～80%范围。

图 3-9　圆木和块石组合形成的挑流丁坝

挑流丁坝轴线与河岸夹角应通过论证或参考类似工程经验确定，其上游面与河岸夹角一般在 30°左右，要确保水流以适宜流速流向主槽；其下游面与河岸夹角约 60°，以确保洪水期间漫过丁坝的水流流向主槽，从而避免冲刷该侧河岸。为防治出现此类问题，可在挑流丁坝的上下游端与河岸交接部位堆放一些块石，并设置反滤层，以起到侵蚀防护的作用。挑流丁坝顶面一般要高出正常水位 15～45cm，但必须低于平滩水位或河岸顶面，以确保汛期洪水能顺利通过，且洪水中的树枝等杂物不至于被阻挡而沉积，否则很容易造成洪水位异常抬高，并导致严重的河岸淘刷侵蚀。

若使用圆木或与块石组合修建挑流丁坝，需要采取适宜措施固定圆木，例如采用锚筋把伸向河底的圆木端头固定在河床上，或采用绳索或不锈钢丝把伸向岸坡的圆木端头固定在附近的树上，也可采用锚筋固定在岸坡上。如果单根圆木直径小，不足以形成适宜高度的挑流丁坝，可采用双层圆木，但圆木间要铆接。若单独使用块石修建挑流丁坝，需要采取开挖措施，把块石铺填在密实度或强度相对比较高的土层上，防止底部淘刷或冲蚀。如果是岩基，则需要首先铺填一层约 30cm 的砾石垫层，然后再铺填直径较大的块石。挑流丁坝上游端或外层的块石直径要满足抗冲稳定性要求，一般可按照原河床中最大砾石直径的 1.5 倍确定。上游端大块石至少应有两排，选用有棱角的块石并交错码放，以保证足够的稳定性。如果当地缺少大直径块石，可采用石笼或圆木框结构修建丁坝。

◆ 3.1.3.4　叠木支撑

1．概述

如图 3-10 所示，叠木支撑是由圆木按照纵横交错的格局铰接而形成的层状框架结构，框架内填土和块石，并扦插活的植物枝条。这一结构类型可布置在河岸冲刷侵蚀严重的区域，起到岸坡防护作用。尽管这种结构不能直接增强河道内栖息地功能，但通过岸坡侵蚀防护作用及后期发育形成的植被，也会有助于提高河岸带栖息地质量。经过一定时间，圆木结构可能会腐烂，但那时这种结构内活的植物枝条发育形成的根系将继续发挥岸坡防护作用。

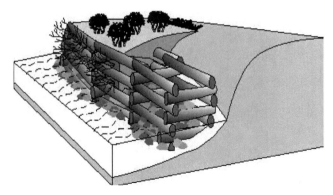

图 3-10 叠木支撑结构示意图

2. 技术与方法

叠木支撑的设计属于岩土工程和结构工程的专业范畴，须由相关专业人员参与，对所涉及到的土坡稳定性、土压力和基础承载力等问题，需要经过专业计算分析。一般来所，圆木的直径在 15～45cm 之间，具体尺寸和材质要求主要取决于叠木支撑结构的高度及河道的水流特性，要满足抗滑、抗倾覆及沉降变形等方面的稳定性要求。

在平面布置上，要依据河道地形条件，进行合理设计。顺河向的圆木要水平布置在河道坡面，如图 3-11 所示，在弯道处要顺势平滑过渡。垂直于河道岸坡平面的圆木要深入岸坡内一定深度，一般在 1/2 圆木长度范围以上，使之具有一定的抗拉拔力。

叠木支撑结构一般与鱼类掩蔽区建设相结合，如图 3-11 的 B-B 断面，采用叠木支撑结构，在枯水位以下区域，形成圆木结构框架和空腔，这种空腔可以作为鱼类的掩蔽区。其形态和几何尺寸应按照目标鱼种的生活习性进行设计，但考虑到结构设计和施工的可行性，并且要满足框架结构和岸坡的稳定性要求，一般设计成箱式结构。如果岸坡较陡或极易被水流淘刷侵蚀，需要采用圆木挡墙或其他结构对岸坡面进行防护。

与上述掩蔽区结构相类似，可以在岸坡防护结构内嵌入木框架和厚木板组成的箱式结构，形成鱼巢，如图 3-12 所示。此类鱼巢的几何尺寸设计一定要考虑目标鱼种在特定生活阶段对栖息地的要求，有助于形成适宜的水温和流场环境，要避免出现可能的泥沙淤积问题。一般来说，此类鱼巢结构顺河向长 1.8～2.4m，垂直岸坡方向宽 1.6m，鱼巢口宽度为 25～30cm，高度为 15～20cm。

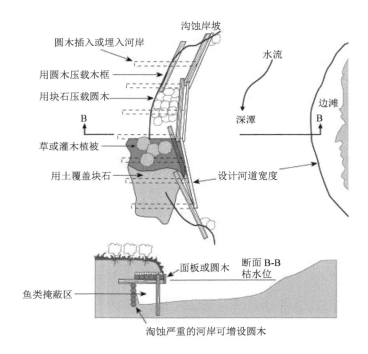

图 3-11　叠木支撑平面布置及掩蔽区结构断面示意图

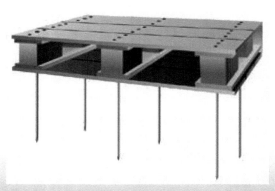

图 3-12　木块和木板组成的鱼巢结构示意图

　　上述结构适于安装在不同的岸坡防护结构内，例如自然材料护坡、石笼和木框挡土墙、挑流丁坝等，图 3-13 为安装在堆石防护结构内的鱼巢示意图。鱼巢结构周边堆石要按照岸坡防护结构进行设计，在其顶面木板上坡脚位置可锚固一条圆木块或采用大块石，防止后面的堆石滚落或受到水流冲刷作用而失稳。鱼巢要位于稳定的河床之上，若为沙质河床，可采用圆木作为桩基础，支撑上部的鱼巢结构框架。

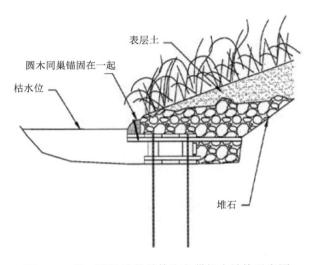

图 3-13　堆石岸坡防护结构和鱼巢组合结构示意图

◆ 3.1.3.5　生态堰

1．概述

　　生态堰是利用圆木或块石营建的跨越河道的横式建筑物，生态堰的功能是调节水流冲刷作用，阻挡砾石，在上游形成深水区，在生态堰下游形成深潭，塑造多样性的地貌与水域环境。生态堰作为一类主要的栖息地加强结构，其作用主要表现在四个方面：上游的静水区和下游的深潭周边区域有利于有机质的沉淀，为无脊椎动物提供营养；因靠近河岸区域的水位有不同程度的提高，从而增加了河岸遮蔽；生态堰下游所形成的深潭或跌水潭有助于鱼类等生物的滞留，在洪水期和枯水期为其提供了避难所；因河道中心区强烈的下曳力和上涌力，可产生激流和缓流的过渡区，并有助于形成摄食通道；深潭平流层是适宜的产卵栖息地。

2. 技术与方法

生态堰不同于传统水利工程的堰坝，其高度一般不超过 30cm，不影响鱼类洄游。根据不同的地形地质条件，生态堰可以具有不同结构形式，在平面上呈 I 字型、J 字型、V 字型、U 型或 W 型等。

图 3-14 和图 3-15 为 W 型堆石生态堰结构示意图，生态堰顶面使用较大尺寸块石，满足抗冲稳定性要求，下游面较大块石之间间距约 20cm，以便形成低流速的鱼道。生态堰上游面坡度 1:4，下游面坡度 1:10 至 1:20，以保证鱼类能够顺利通过。生态堰的最低部分应位于河槽的中心。块石要延伸到河槽顶部，以保护岸坡。

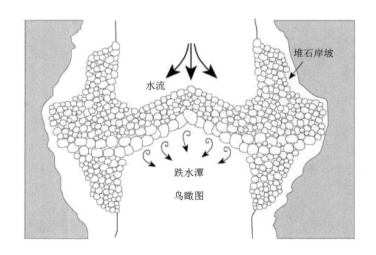

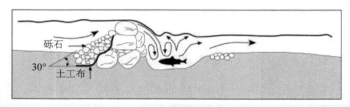

图 3-14　W 型堆石生态堰结构示意图

图 3-15 堆石生态堰

在沙质河床的河流中，不适宜采用砾石材料，可以应用大型圆木作为生态堰材料，如图 3-16 所示。圆木生态堰的高度以不超过 0.3m 为宜，以便于鱼类的通过。可以应用木桩或钢桩等材料来固定圆木，并用大块石压重，桩埋入沙层的深度应大于 1.5m。如果应用圆木生态堰控制河床侵蚀，应在圆木的上游面安装土工织物作为反滤材料，以控制水流侵蚀和圆木底部的河床淘刷，土工织物在河床材料中的埋设深度应不小于 1m。

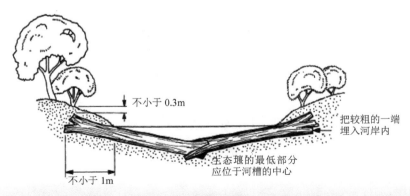

（a）横断面

图 3-16 土工布在圆木生态堰上的安装

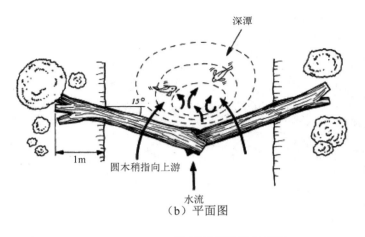

深潭

15°

1m

圆木稍指向上游

水流
（b）平面图

把土工布固定在圆木顶面

高水位

枯水位

河床

1.5m

土工布安装在圆
木的上游面，沙质
河床中，土工布埋
深不少于1m

深槽

土工布
（c）纵剖面

图 3-16   土工布在圆木生态堰上的安装（续图）

3.1.4   生态型边坡防护技术

生态型边坡防护技术是指满足规模最小化、外型缓坡化、内外透水化、表面粗糙化、材质自然化及成本经济化等要求，并保证稳定安全、生态健康、景观优美的多功能型岸坡防护技术。其目标是在满足人类需求的前提下，使工程结构对河流的生态系统冲击最小，亦即对水流的流量、流速、冲淤平衡、环境外观等影响最小，同时大量创造动物栖息及植物生长所需要的多样性生活空间。

根据不同河道岸坡的具体情况和设计要求，常采用渗滤植生砌块护岸技术、坡改平砌块植生护坡技术、格网网箱生态护坡结构、格网土石笼生态护坡结构、护坡工程袋柔性边坡、铰接混凝土块护岸技术、生物基质混凝土、自嵌式植生挡土墙边坡、植物纤维毯覆盖技术、三维土工植被网覆盖技术和巢室生态护坡技术等。

由于过往大量的钢筋混凝土和浆砌石岸堤无法在短时期内完全拆除重建，很大程度上影响了河湖生态保护与修复的效果，目前各地正在倡导睡堤唤醒的计划。睡堤唤醒就是对城市河道硬质护岸进行生态改造，将一部分已有的硬质护岸改造成柔性生态护岸，其技术体系也大量采用以上所提到的技术来进行实施。

◆ 3.1.4.1　渗滤植生砌块护岸技术

1. 概述

渗滤植生护岸体系是利用其特殊的互锁齿形结构砌块铺装形成重力式"咬合"体，与植物根系"加筋"共同作用，有效保证河岸的安全稳定；同时作为河湖水体和陆地之间物质、能量、信息交换的纽带为河岸边动物、微生物提供了栖息繁衍的生境以及植物生长的基质，增强了水体自洁功能，达到修复水生态环境，模拟自然的水岸景观。渗滤植生护岸技术示意图如图 3-17 所示。

2. 适用范围

渗滤植生护岸技术适用于水环境综合治理的生态护岸、浅水湾收边结构和各类护坡工程。

3. 技术与方法

首先进行地基处理，有淤泥的要将淤泥层全部清理干净，然后进行机械分层碾压，压实度不小于 0.93，然后进行混凝土基础的浇筑或直接放置在既有的硬质基础上。

图 3-17　渗滤植生护岸技术示意图

在混凝土条形基础上铺设无纺布，其上砌筑第一层渗滤砌块，使凹凸槽互相咬合，采用镀锌钢丝绳将相邻砌块后端的孔洞进行绑扎。在每层砌块的孔洞内放置种植包或回填土（位于水位线以下的砌块孔洞内放置种植包，水位线以上的砌块孔洞内可以回填种植土）。种植包放置时要求扎口朝下放置。依次码放第二层砌块，将下层的钢丝绳穿入上层的砌块后端的孔洞，使其四块连为一个整体，采用铝制卡扣将上、下两层相邻砌块捆扎并锁紧，注意将二个绳头同时穿入铝制卡套，每个绳头都要留不小于 100mm 的长度，然后用压紧钳将铝制卡套压紧。逐层垒砌，直至达到设计高度，垒砌过程中及时进行墙背回填、碾压，密实度不小于 0.85。

4. 要点

渗滤砌块采用高强混凝土预制加工而成，具有高透水性，砌块四周带有齿形结构，铺装时要保证两个相邻的边齿紧密"咬合"，同时配合镀锌钢丝绳捆绑施工作业。套装铝制卡套时需注意钢丝绳必须是两根从同一方向穿入卡套内，同时绳头的预留长度为 10cm。需要注意的是，钢丝绳捆绑呈连环式，左右相邻以及上下两层，即每根钢丝绳捆绑的是四块渗滤砌块。其材料技术参数见表 3-1 所示。

表 3-1　材料技术参数表

材料名称	功能	项目	技术参数
渗滤砌块	挡土、生态、过滤、堤岸防护	标志尺寸（mm）	600×400×150
		抗压强度（MPa）	15～30（依设计指定）
		抗冻性能（循环次数）	D50～D100（依设计指定）
		孔隙率（%）	45
		重量（kg/块）	43
镀锌钢丝绳	用于砌块间相互绑扎，不易锈蚀，使用方便	规格尺寸（mm）	结构：6×7FC　Φ4×1100
		抗拉强度（MPa）	1470
		拉力（kg）	795
钢丝绳铝制卡扣	用于锁紧钢丝绳	规格尺寸（mm）	4～5
		抗拉强度（MPa）	160
无纺布生态袋	透水、透气可降解，在水下防止土壤流失	规格尺寸（mm）	300×250
		质量（g/m²）	≥130
自锁尼龙绑扎带	用于生态袋口绑扎	规格尺寸（mm）	4×200
		拉力（kg）	18.2

5. 典型案例

渗滤植生护岸技术能够适应各种水环境治理及护岸、护坡等要求，其应用范围广泛，有效结合了安全稳固、生态绿化、洁净水源等功能。目前此技术成功应用于北京永定河生态修复、凉水河等大中型河道综合治理工程中，取得了显著的效果，如图 3-18 所示。

（a）施工完成 1 个月后实景效果　　　　（b）施工完成 1 年后实景效果

图 3-18　渗虑植生护岸技术应用案例效果图

（c）凉水河综合治理工程应用效果　　　（d）凉水河综合治理工程（近景）

图 3-18　渗虑植生护岸技术应用案例效果图（续图）

◆ 3.1.4.2　坡改平砌块植生护坡技术

1. 概述

目前在很多河道边坡工程中存在着严重的土壤流失问题。土壤流失使护坡植物失去了赖以生存的土壤基础，流失的土壤顺水而下，流入城市排水管网、沟渠和水库，产生大量淤积，缩短了排水系统和水利工程的服务年限，造成社会资源的极大浪费，这与我国经济建设和生态环境建设的大方向背道而驰。

坡改平砌块植生护坡技术通过特殊的"坡改平"结构把坡面分解为若干个小的水平面，借助"小平面"土体的稳定性，达到整个坡面的稳定，从而解决坡面的土壤流失问题。经现场调查表明，由于坡改平砌块特殊的保水结构，各类植物生长迅速，试验区内的植物由人工绿化的黑麦草发展到野生的酸模叶蓼、葎草、苋菜、木麻黄、水芹等 13 种植物，间有荆条等灌木小草，植被覆盖率达到 95%以上，减少土壤流失 90%以上，植物群落内容丰富，人工与野生植被演替速度明显超过传统护坡措施，有利于野外护坡植物群落的良性持续发展，并大幅度减少后期人工管护费用，保土效果和绿化效果非常显著，如图 3-19 所示。

坡改平砌块植生护岸技术适用于 1:1.25～1:3.0 的土质边坡防护。

（a）生物郁闭效果

（b）植生一年半后效果

图 3-19　坡改平砌块植生护坡技术应用案例效果图

2．技术与方法

首先沿坡度纵、横挂线，然后按线铺装，自下而上铺设，相邻护坡砌块挤紧，做到横、竖、斜线对齐，上表面水平，以竖向边缘砌块为基准，依次水平方向进行垒砌，横向相邻砌块在同一水平线上，且保持绝对水平。设置下坡脚趾墙，坡脚第一排砌块紧密倚靠在趾墙上，且顶面与趾墙顶面平齐。施工完成后调整个别歪扭的砌块。砌块内填土以低于上边缘 2cm 为宜，护坡的起、始边角处不够整砖、不满足栽植植物的部分用 3～5cm 的石子码齐，以防局部土壤流失。

3．要点

在完成坡面整理并确保坡面满足设计要求（如边坡稳定、坡度、密实度等）

的前提下：先完成趾墙、排水沟（槽）、步道，再开始铺装护坡砌块。铺装时应从下部趾墙开始，本着"自下而上，从一端向另一端"或按"自下而上、从中部向两端"的顺序铺装，块与块尽可能挤紧，做到横、竖和斜线对齐。趾墙、排水沟（槽）、步道等位置的土方应密实，以防局部沉降。锥坡或弯道施工应当随坡就势，砌块要铺砌紧密，并注意对转角后产生的下部不规则空档加固，以免产生滑塌和局部沉降。在可能产生冲淘的部位（如道路排水管口或过水部分）应在砌块下铺土工布反滤。砌块铺装完成后进行种植土的回填，种植结束后砌块内土壤表面距上沿 2cm 即可，以确保植物栽植后砖内有足够的空间拦蓄上游来水和土壤，切不可将土填满砌块甚至高于砌块上沿。

4. 典型案例

2009 年起，坡改平砌块植生护坡技术已在河道治理、生态清洁小流域建设等工程中得到推广应用，如北京永定河、凉水河、碾子河、穆家峪河、朝阳河道、黑河沟等河道综合治理等工程中使用，显现出显著的水土保持效果和环境友好特性，如图 3-20 所示。

（a）北京碾子河施工完成 1 个月后效果

图 3-20　北京碾子河应用坡改平砌块植生护坡技术效果图

（b）北京碾子河施工完成一年半后植生效果

图 3-20 北京碾子河应用坡改平砌块植生护坡技术效果图（续图）

◆ 3.1.4.3 格网网箱柔性边坡

1. 概述

在 2700 余年前的都江堰水利工程中，李冰就采用了"竹笼""羊圈"等作为笼体，用江河中的卵石构成完整的构件，用于堤坝、围堰、护岸、护坡等用途，这也被认为是格网网箱应用的前身和雏形。

格网网箱柔性边坡是指将抗腐蚀、耐磨损、高强度材料采用专用设备制造而成的多孔网片，经裁剪、拼装并绑扎封口而成的正方体或长方体箱体，在箱体内填充符合要求的块状材料而形成的柔性护坡结构。通常格网网箱的钢丝会选用低碳热镀锌钢丝、铝锌混合稀土合金镀层钢丝，包覆 PVC 或经高抗腐处理的以上同质钢丝，其网片根据其材料或制作工艺的不同，可分为机编网、无锈熔接网、扩张金属网，如图 3-21 所示。

机编网：由热镀锌钢丝、热镀锌铝合金钢丝或包覆 PVC 护膜的以上同质钢丝，编织而成的两绞或多绞状、六角形网目的网片，如图 3-21（a）所示。

无锈熔接网：将经过深度防腐处理的合金钢丝，以一定的间距排列成网状，并将合金钢丝的交叉点经过瞬间高压熔接在一起，形成具有一定规格尺寸的矩形网目的网片，如图3-21（b）所示。

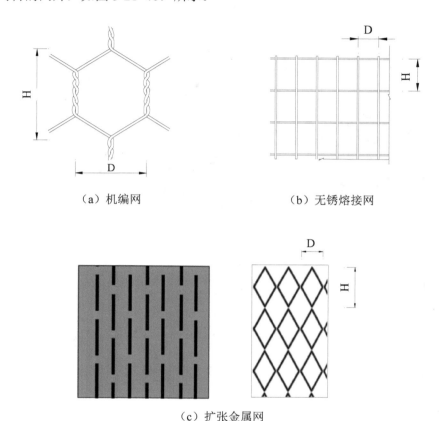

（a）机编网　　　　　　　　　　（b）无锈熔接网

（c）扩张金属网

图 3-21　网片网目示意图

扩张金属网（钢板网）：将整张低碳锰钢板，经切割、拉伸、扩张而成，呈菱形网目整体性网片。金属网片分为表面经热浸锌处理和不处理两种，如图3-21（c）所示。

格网网箱柔性边坡具有优良的透水性、可植生、良好的岸坡交互性、适应地基变形能力强、较强的抗冲刷性、耐久性好等优点。

格网网箱柔性边坡结构广泛应用于河道支挡结构、河道坡面衬砌、防冲刷结构、市政、岩土、海防、灾害治理等众多领域。

2．技术与方法

综合考虑边坡设计总体要求、工程及水文地质条件、施工条件以及景观绿化效果等因素，格网网箱边坡结构布置可采用重力式、阶梯式及贴坡式等型式（见图 3-22），并做好防止水流冲刷、水土流失等工程控制措施。

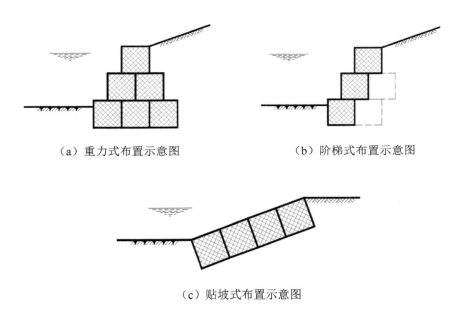

（a）重力式布置示意图　　　　　（b）阶梯式布置示意图

（c）贴坡式布置示意图

图 3-22　格网网箱布置示意图

◆ 3.1.4.4　格网土石笼护坡结构

1．概述

格网土石笼护坡结构是指在格网网箱内衬土石笼袋，袋内充填土石料，形成具有固土、护坡、防冲、植生等功能的生态护砌结构。

格网土石笼护坡系统用于城市行洪河道，起到稳固堤防、保护边坡、防止土壤流失的作用，是生态工法里唯一具有结构性的护岸治理，有极强的抗冲刷能力；用于水流湍急的河段坡岸及河道内汀、洲、岛的保护，完工后主体覆土后可以直接绿化美化植生。

机织有纺土石笼袋主要成分为聚丙烯（polypropylene，简称 PP）加碳黑处理，由单一纤维单股编织而成的透水织布，因此具有高拉力、高撕裂度、抗穿刺力以及很好的延伸率，该产品还具有抗老化、抗冻的性能。纤维厚度、宽度均匀、织扎紧密、空隙均匀、有良好透水性且耐酸碱侵蚀。袋身为封闭圆形无接缝编织，除上下盖外袋体没有接缝处，增强了袋体整体的强度。

就地取材是格网土石笼护坡结构的一大优势，根据土工石笼袋放置的不同部位，可填放砂、砾土或天然级配土，快速形成挡水结构体。

2．适用范围

格网土石笼护坡结构可用于河川护坡、塌岸治理、人工湿地、高速公路、铁路边坡治理和山体滑坡抢险等工程。

3．技术与方法

格网土石笼护坡系统的施工流程包括：面处理、笼网编制及铺设、土石笼袋与笼网组合、土石料装填、封盖等步骤。

格网土石笼护坡系统的布置及结构型式参考格网网箱的做法，在施工中需要注意的是：

土石笼袋与网箱组合时，将土石笼袋底部撑展，并将袋身与网箱绑扎牢；在网箱 1/2 高处设置十字拉筋；土石料装填：结合工程的挖填平衡，装填土料选用当地土。分两次装填，每填高 1/2，用人工夯实或机械作业，避免装填后产生不平整现象。其装填土石料应高于笼体 80～100mm，作为预留沉降量；有种植要求时，面层袋内应填充种植土。

封盖：封盖前，土石笼袋顶面应填充平整，然后将袋口向内折回，以粘扣带粘合，并以铁棒先行固定角端，再绑扎边框线与石笼网封盖。

流速与石笼规格及其填石的关系如表 3-2 所示。

4．典型案例

北京亦庄凉水河河道生态护坡工程原来采用防洪标准低且不生态的硬质护

岸，后采用格网土石笼护坡系统构建出既安全防洪，又有景观效果以及具有改善水质功效的生态边坡，如图 3-23 所示。

表 3-2　流速与填石及石笼规格关系表

石笼厚度 （mm）	填石尺寸 （mm）	填石中值粒径 （mm）	临界流速 （m/s）	极限流速 （m/s）
150～170	70～100	85	3.5	4.2
	70～150	110	4.2	4.5
230～250	70～100	85	3.6	5.5
	70～150	120	4.5	6.1
300	70～120	100	4.2	5.5
	100～150	125	5.0	6.4
500	100～200	150	5.8	7.6
	120～250	190	6.4	8.0

注1：临界流速是网箱中的填石不产生移动的河流的最大流速；极限流速是网箱中填石移动导致网箱变形，但尚未形成破坏的最大流速。

注2：本表为美国科罗拉多州立大学试验数据。

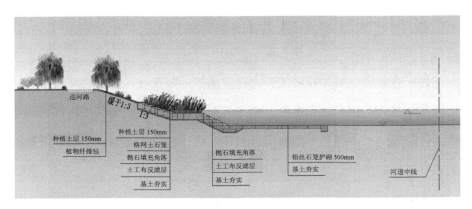

图 3-23　北京亦庄凉水河河道生态护坡工程断面图

◆ 3.1.4.5　护坡工程袋柔性边坡

1. 概述

护坡工程袋是由高强度长丝无纺聚丙烯（PP）为原材料制成的双面熨烫针刺无纺布加工而成的袋子。对抗紫外生态袋的厚度、单位质量、物理力学性能、外形、纤维类型、受力方式、方向、几何尺寸和透水性能及满足植物生长的等效孔径等指标进行了严格的筛选，具有抗紫外线（UV），抗老化，无毒，不助燃，裂口不延伸的特点。主要运用于营建柔性生态边坡，如图 3-24 所示。

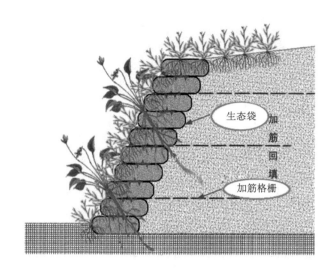

生态袋

加筋回填

加筋格栅

图 3-24 护坡工程袋柔性护坡结构示意图

护坡工程袋具有目标性透水不透土的过滤功能，既能防止填充物（土壤和营养成分混合物）流失，又能实现水分在土壤中的正常交流，植物生长所需的水分得到了有效的保持和及时的补充，对植物非常友善，使植物穿过袋体自由生长。根系进入工程基础土壤中，如无数根锚杆完成了袋体与主体间的再次稳固作用，时间越长，越加牢固，更进一步实现了营建稳定性永久边坡的目的，大大降低了维护费用。

标准联结扣在施工中把无数个生态填充袋联接在一起，并形成紧密内锁结构（见图 3-25）。它不仅具备很高的强度，同时还具备很好的柔韧度，对构建稳固的边坡起到了重要的作用。在构建有荷载及抗冲击要求的堤坝、墙体时，把加筋格栅通过标准联结扣和生态袋之间进行联结，对工程的坚固和稳定起到重要作用。

根据护坡工程袋的功能和适用条件的不同，可以将护坡工程袋分为：普通型护坡工程袋、多功能组合生态袋和长袋三种。

图 3-25　联结扣与格栅相连形成工程扣

　　其中多功能组合式护坡工程袋是根据河道边坡的不同位置对生态袋的性能要求不同，创造性地采用不同材质和技术特点的生态袋材料的生态袋护坡系统。其中Ⅰ型生态袋用于正常水位线以下，为防泥沙型；Ⅱ型生态袋位于变水位区域，设有反滤结构，可防管涌流土发生；Ⅲ型生态袋位于水位线以上，为护坡种植型。

　　长袋护坡法是指顺坡长方向拉设一条长袋并用每隔一段距离用土工锚杆固定，生态长袋根据现场具体情况确定，适用于大部分坡体稳定的边坡，尤其是喷砼边坡及石质边坡，坡度不限。长袋护坡结构示意图如图 3-26 所示。

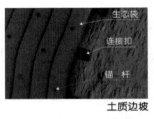

图 3-26　长袋护坡结构示意图

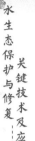

护坡工程袋柔性护坡系统主要应用在城市河岸边，起到边坡稳定、绿化美化及环境修复的作用。既可用于河道内汀、洲、岛的保护，也可用于人工岛。

2．技术与方法

护坡工程袋柔性护坡系统的施工流程包括：进行坡面和基础处理，定桩防线，填土搅拌，装袋封口，码放，预沉降控制和绿化等七个步骤。

护坡工程袋护坡系统应依据边坡坡度、高度确定铺码方式。

高陡硬质边坡可采用覆网锚固叠码方式，即在护坡工程袋外侧覆网（金属网、格栅网等），利用锚杆（钉）将其固定在坡面上。

护坡工程袋护坡结构具有一定透水和排水性能，当坡面汇水区域较小且地下水对坡体稳定性无不利影响时，可不另设置排水设施，否则，应根据实际情况设置截水沟、排水沟等设施。在植物选择方面，需要从自然地理、护坡功能及景观要求等方面综合考虑，宜选择耐候性强、根系发达的多年生当地品种。为保障植生效果，宜选用理化性能良好、适宜植物生长的土壤，否则应对土壤进行改良；植物种植时可采用喷播、穴播、压播、混播和插播等方式。

3．典型案例

水下、变水位、水位线以上等不同部位，对袋体的透水率和抗老化性能要求不同，可以在不同部位使用不同性能的生态袋。水底下的袋体重点是不透土，水位线以上的重点是植物生长。苏州相城区景观河道柔性护坡系统工程即采用了这种多功能的生态护坡工程袋系统，取得了非常良好的护坡和景观效果，如图 3-27 所示。

◆ 3.1.4.6　铰接式混凝土护岸技术

1．概述

铰接式护坡系统是一种连锁型预制高强混凝土块铺面系统，作为传统浆砌块石硬化护坡的代替品，其产品采用工厂化全自动设备生产，高温蒸汽养护而成。经过统一的模具和独特的成型工艺，可于工厂内进行标准化生产。铰接式护坡防冲刷系统中间通过一系列绳索相互连接形成连锁型矩阵，块体立面有50°左右的正向倒角，可适应基础变形，单个块体单元有一定重量，能抵抗波浪冲刷。

图 3-27　苏州相城区景观河道柔性护坡系统工程

铰接式护坡混凝土块有两种主要类型：中间开孔式和中间封闭式，两种类型的混凝土块都有不同的尺寸和厚度以适应各种水流情况。开孔式的铰接式护坡块，开孔和孔间隙可种植植物，可为生物的生长发育提供栖息地，发挥河流的自净化功能。

铰接式护坡技术可适用于海岸、排水沟渠、湖泊和水库岸坡等工程。

2. 技术与方法

铰接式混凝土护岸工程的施工方法有两种，一是现场安装，二是在工厂将一组尺寸、形状和重量一致的预制混凝土块用一系列绳索相互连接而形成的连锁型柔性矩阵，在其下面铺好符合土质要求的反滤土工布后，用铁丝将土工布和柔性矩阵相扣，运至施工现场进行吊装，然后将安装好的一块块矩阵用锁扣连成一个整体，如图3-28所示。

图 3-28　铰接式护坡系统施工现场

铰接式混凝土护岸工程在设计过程中要进行严格的稳定性计算，通常包括连锁块风浪设计、连锁块稳定计算和坡体抗滑稳定计算。此类设计可采用的最大坡度为 1:1，一般讲，1:2 的坡度以内是最佳选择。在 1:1 的边坡上使用时，若柔性垫子长度超过 2m 必须采用有效措施把垫子锚固在基土内。钢铰线的承重安全系数一般考虑 3:1。

3. 典型案例

目前铰接式护坡系统广泛应用于河道、海岸、水库、航道等工程上，典型案例有太湖生态综合治理、无锡仙蠡桥河道整治工程、沈阳浑河城市防洪工程、沈阳世界园艺博览会水景工程、棋盘山护坡项目等，铰接式边坡示意图，如图3-29所示。

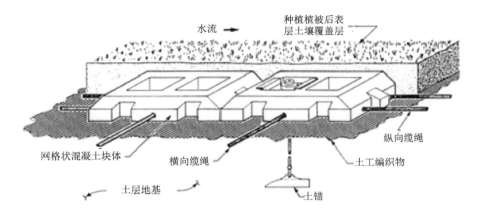

图 3-29　铰接式边坡示意图

◆ 3.1.4.7　生物基质混凝土

1. 概述

生物基质混凝土属于广义混凝土的范畴。本意为包含了 BSC（Bio-Substrate Concrete，高分子团粒结构）生物活性菌群、植物以及后期出现动物的大骨料型植被生态恢复水泥混凝土。BSC 生物基质混凝土结构如图 3-30 所示。

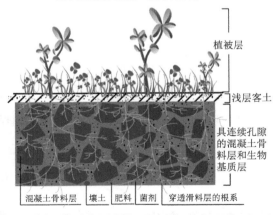

图 3-30　BSC 生物基质混凝土结构示意图

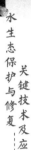
2．技术与方法

生物基质混凝土护坡是指往具有 10～15MPa 抗压强度、≥25%的连续孔隙率的大骨料水泥混凝土中的孔隙注入生物基质，使得植物可以在具孔隙的混凝土中生长并恢复生态。生物的概念既是指基质中富含的活性菌群，同时也包含混凝土上生长的花、草、昆虫、小动物等生物集合体。

生物基质混凝土制备过程中使用了粒径较大的单一级配石料、高标号水泥、BSC 水泥调节剂等水泥混凝土材料，也同时使用具超强活性的 BSC 活性菌群、有机肥、种子、土壤、粘合、保水剂等植物生长基质和植物活体材料。BSC 生物基质混凝土在不削弱水泥抗压强度的前提下使得混凝土中能长出花、草、灌木类植物，从而对河、湖、大坝、水利枢纽、公路铁路、道路立交系统、废弃矿山、采石场等目标工程体的边坡、立面进行生态植被修复的综合技术系统。

BSC 生物基质混凝土技术解决了水利工程中传统混凝土技术不能进行植被恢复和传统绿化方式不能满足水利工程堤防安全要求之间的矛盾。

◆ 3.1.4.8 自嵌式植生挡土墙边坡

1．概述

自嵌式挡土墙是在干垒挡土墙的基础上开发的另一种结构。该结构是一种新型的拟重力式结构，它主要依靠自嵌块块体、填土通过土工格栅连接构成的复合体来抵抗动、静荷载的作用，达到稳定的目的。

2．技术与方法

自嵌式植生挡土墙是自嵌式挡土墙和植生挡土墙的有机结合。由自嵌植生块体、塑胶棒、加筋材料、滤水填料和土体组成。独特的后缘设计使得墙体砌筑成了简单的"堆码"，楔形结构可形成任意曲线墙体，具有传统钢筋混凝土或毛石挡土墙无法比拟的环境装饰效果。在水环境应用时，其水下部分可以种水草，特有的空洞形成天然鱼巢，为鱼类生存提供保障。

自嵌式植生挡土墙墙面上生态孔可以植草、种花，墙体填土中可以种小型乔木，各种水环境中、水下部分可以种植水草。块体后缘内孔用于填充植生土壤，形成立体式的植生效果，景观效果良好。研究表明，水生植物对水体具有良好的净化效果，可以有效去除水体中的氮、磷，能耗低，简单易行。同时植物的根系可以穿过挡土块，达到固化墙体的作用。

长期的水力作用带起的泥沙等物遇到墙体的阻挡减速后，在重力的作用下会沉积在两个内孔，提供水生植物生长的土壤，而积淀的矿物元素更满足于植物的生长所需，实现可持续的绿化效果。

"鱼巢"设计和生长起来的水生植物为鱼类产卵繁殖提供场所，发挥了"以鱼养水"的作用，为水体的整体生态平衡起到一定的作用。

自嵌式植生型挡土墙由于不用砂浆，挡而不隔的渗透性可以充分保证河岸与河流水体之间的水分交换和调节功能，有效抑制藻类的生长繁殖，发挥水体自净作用，并调整生态循环系统，重建河道以及河堤的生态系统。同时具有一定的抗洪强度。

◆ 3.1.4.9　植物纤维毯覆盖技术

1．概述

植物纤维毯用椰壳、棕、麻纤维、小麦、水稻、玉米秸秆等一种或者几种植物纤维，以热压、针扎制作而成的复合产品，不含任何粘结剂。在3～5年内可以百分之百地降解为腐质，一方面符合生态环保要求，同时又能改善土壤成分，有利于植物的生长。

2．技术与方法

根据坡比和坡长，可以使用不同抗拉强度的网和缝合线。根据抗侵蚀要求和目标植被需要，可以采用秸秆、椰丝等不同生物质材料组成不同厚度和混合比例的基质层，可以加入不同配方的种子和营养物质。植物纤维毯覆盖地表既起到固土、护土作用，也能保种、育苗，维系植物生长所需水湿条件。天然植物纤维具有保水特性，一般正常状况下能保存20%～25%的灌溉水分，加强植物生长的有利条件。随着植株体木质化程度提高，植被生态护坡的作用增强，纤维毯逐步降解成为地表腐质层。

3. 要点

植物纤维毯施工方便，基础坡面整理后，顺直、平滑、平整铺设纤维毯，稳定结合处可用门形钉或竹杆固定，还可用植物扦插，更能加强绿化效果。预先喷播或草毯自带的草种发芽生长，即能形成生态植被。植物纤维在自然降解后与土壤成为一体，成为植被的营养基质。

工程完工初期起到保护边坡土壤不受雨水冲蚀，而后因其有充足空隙可让土壤渗入其中，达到土壤与材料完全结合，形成天然的坡面保护层，具有很强的控制水土流失的能力。

◆ 3.1.4.10　三维土工植被网覆盖技术

1. 概述

三维土工植被网是一种立体网结构，植被、网垫和土壤三者相互缠绕交织形成一种牢固的复合力学嵌锁体系，从而有效地防止了表面土层的滑移，使边坡具有较好的稳定性，是一种永久性的边坡防护方式。它无腐蚀性，化学性稳定，对大气、土壤、微生物呈惰性。

三维土工植被网是以热塑性树脂为原料，由单层或多层热塑性树脂凹凸网和高强度双向拉伸网经热熔后粘结而成的一种立体网结构。采用科学配方，经挤出、拉伸等工序精制而成，它无腐蚀性，化学性稳定，对土壤、微生物呈惰性。面层凹凸不平，材质疏松柔软，留有90%以上的空间可充填土壤及沙粒。底层为一个高模量基础层，采用双向拉伸技术，具有延伸率低、强度高的特性，足以防止植被网变形，起着防止坡体下滑的作用。膨松的网包，通过填入土壤，种上草籽，帮助固土，三维的结构能更好地与土壤结合。

2. 技术与方法

其施工流程包括边坡场地处理、挂网、固定、回填土、喷播草籽、覆盖无纺布等几个步骤，并进行养护管理。

◆ 3.1.4.11 巢室生态护坡技术

1．概述

蜂巢约束系统（Cellular Confinement System，CCS，简称蜂巢系统或巢室系统）是实现土体约束、加筋和稳定，水土保持，生态绿化和生态修复的复合型工程解决方案。蜂巢约束系统通过三维柔性蜂巢形网状结构的蜂巢格室（简称巢室）、填料（种植土、碎石或混凝土）、植被等生物群落、锚钎、其他土工材料、土基的复合作用，达成土体加筋稳固、水土保持、生态绿化和生态修复等综合工程目标。

蜂巢格室（Honeycomb-Cells，简称巢室，HC）是由一组条形的高分子复合合金（NPA）片材焊接而成，这些片材用一系列垂直对齐于板条纵轴的、错位均布的、长度为整个板条宽度的超声波焊缝相连接，展开后相互连接的片材组成可在其中填装颗粒填充材料的三维柔性蜂巢形网状结构（蜂窝约束结构）壁板。蜂巢格室所用片材一般有表面凹纹和通孔。蜂巢格室作为蜂巢约束系统的核心元件，是一种生态、环保、高性能的绿色建材（见图 3-31）。

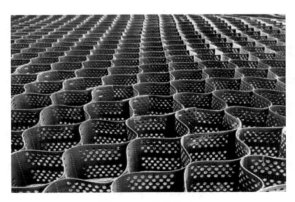

图 3-31 蜂巢格室

蜂巢约束系统可应用于边坡防护、土体拦固（挡土墙）、河渠保护、承载稳固、水土保持、地灾防治、生态修复等领域。

（1）边坡防护——解决坡面表土稳定与保护问题。

巢室边坡防护系统是指由巢室、填料、土工布和植被构建的三维约束和稳定表土、保护边坡、绿化坡面的复合覆盖保护层。其常见应用方式：一是平铺护坡（坡度≤1:0.5），二是护面墙（弱化支挡作用，墙厚≥40cm的巢室贴壁叠砌护坡，1:0.1≥坡度≥1:0.75，是一种厚基质陡坡生态护坡）。

（2）土体拦固——解决陡坡土体支挡稳固问题。

巢室土体拦固系统（挡土墙）是指由蜂巢形三维网状结构的蜂巢格室和颗粒充填料组成的半刚性结构层，按很陡坡度层层堆叠形成的一个能抗冲蚀、墙面可植被绿化并且在其自重与外部荷载下的结构稳定的柔性复合构造物。

（3）河渠保护——解决堤岸、坝面、河床与沟渠的冲蚀防护问题，堤岸渗排及内部结构潜在变形问题。

巢室河渠保护系统是指采用蜂巢约束技术为暴露于从低到高的间歇或连续水流冲蚀下的露天河渠和水工建筑所构筑的稳定的柔性保护土工复合构造物。

（4）承载稳固——解决软基荷载分布、基础稳固、表面稳定问题。

巢室承载稳固系统是指由蜂巢格室、压实粒料及土工布隔离垫层组成的具有半刚性作用的柔性复合结构层构成的软土地基上的承载结构。该层可阻断其上集中或分散荷载所产生的土体冲剪力的扩散路径，并在三维方向上限制该层所影响区内的粒料的剪切、横向与纵向运动，从而提高岩土结构的承载能力、稳定性和耐久性。巢室承载稳固系统完美解决了透水铺面的带水承载问题。

（5）水土保持——基于植被固土、多孔隙滞容渗蓄、土工布反滤及巢室壁板的微型拦渣坝功能，减少径流并补充地下水，解决水土流失问题。

（6）地灾防治——综合应用蜂巢约束系统，防治泥石流、滑坡、塌岸、崩塌、落石等地质灾害造成的环境问题。

（7）生态修复——通过建立开放的多孔隙宜生环境,形成多样化生物群落,部分恢复边坡、河川、路面的自然地形与/或自然功能，改善生态环境，实现多样化生物群落的良性自然演替。

巢室生态护岸技术主要有 3 种形式：

● 巢室平铺式生态护岸。

● 巢室叠砌生态护岸。

● 巢室生态护岸挡墙。

2．适用范围

巢室生态护岸技术适用于间歇水流、持续水流的河川湖泊护岸、塌岸治理、硬质堤岸生态修复等工程。其柔性结构使之适应和保留河川湖泊的岸线的变截面、变坡度的自然地形，其生态护岸可保留河川湖泊的堤岸的自然功能。

（1）填充种植土、表面建植完全郁闭的巢室平铺式生态护岸

● 持续水流的常水位消落带（超高位置）之上，坡度≤63°（1:0.5）。

● 持续水流流速≤1m/s 且浪涌较小时，可草坡入水，坡度≤26.6°（1:2）。

● 历时 24h、流速≤6m/s，或历时 48h、流速≤4.8m/s 的间歇水流，坡度≤34°（1:1.5）。

● 表面敷设植物纤维毯，短时流速≤10m/s 的间歇水流，坡度≤45°（1:1）。

（2）填充碎石或碎石土的巢室平铺式生态护岸

● 常水位消落带之下。

● 排水管道出口下方，且流速小于粒料临界流速。

● 水流峰值流速≤4.5m/s（按碎石特征粒径 D_{50}=100mm）。不同临界流速和水力半径所对应的碎石特征粒径 D_{50}，见图 3-32、图 3-33（资料来源：加拿大内陆水域中心及科罗拉多州立大学水力实验室）。

● 岸坡坡度≤42°，通常≤38.7°（1:1.25）。

● 常水位的流速较低，可建植或自然植生挺水植物或沉水植物。

（3）填充生物基质混凝土的巢室平铺式生态护岸

● 填充 7.5cm 厚的生物基质混凝土，允许最大流速≤8m/s。

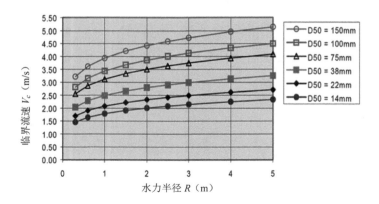

图 3-32　不同临界流速和水力半径对应的特征粒径

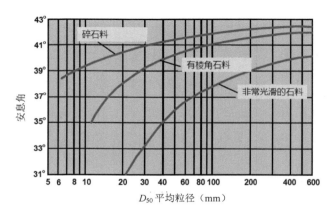

图 3-33　粒料类型与特征粒径所对应的安息角

- 填充 10cm 厚的生物基质混凝土，允许最大流速≤13m/s。

（4）巢室叠砌式生态护岸与巢室加筋挡墙生态护岸

- 巢室叠砌式生态护岸用于坡度≥1:1.5 的较陡的稳定岸坡。

- 巢室加筋挡墙生态护岸用于坡度 1:0.75～0.1 的陡峭不稳定岸坡。

- 历时 24h、流速≤6m/s 或历时 48h、流速≤4.8m/s 的间歇水流，叠砌巢室外侧巢格中可填充种植土。

- 持续水流峰值流速≤3.2m/s（按碎石特征粒径 D_{50}=38mm），叠砌巢室外侧巢格中可填充碎石或碎石土。

- 持续水流峰值流速≤3.2m/s，叠砌巢室外侧巢格中可填充生物基质混凝土。

3．技术与方法

巢室生态护岸技术是巢室河渠保护系统的特定应用解决方案，包括：巢室平铺式生态护岸、巢室叠砌生态护岸和巢室挡墙生态护岸。

（1）巢室平铺式生态护岸

巢室平铺式生态护岸用于间歇水流和持续水流时，其填充材料、植被选配有所差别，其结构见图 3-34（a）和图 3-34（b）。

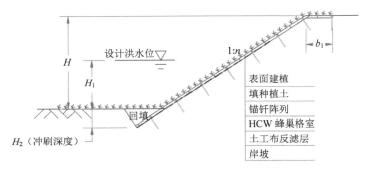

（a）间歇水流的巢室平铺式生态护岸

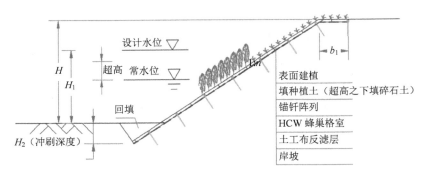

（b）持续水流的巢室平铺式生态护岸

图 3-34　巢室平铺式生态护岸结构示意图

巢室平铺式生态护岸锚钎阵列的锚钎密度基于坡面巢室保护覆盖层的稳定性静力分析和巢室在设计年限内的最高环境温度下的长期设计强度。长期设计强度是指考虑设计年限内的蠕变、光老化与氧化、安装损伤和最高环境温度等相关因素影响后的土工合成材料抗拉屈服强度。按长期设计强度设计的巢室平铺式生态护岸结构的可靠性是传统设计方法的 3～5 倍，且使用寿命更长。

巢室平铺式生态护岸的施工步骤见图 3-35：

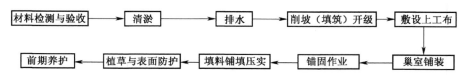

图 3-35　巢室平铺式生态护岸施工步骤

（2）巢室叠砌式生态护岸

巢室叠砌式生态护岸的结构见图 3-36。

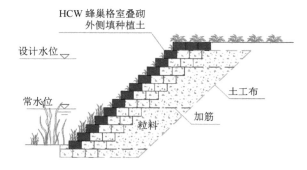

图 3-36　外侧巢格中填充种植土的巢室叠砌式生态护岸

（3）巢室挡墙生态护岸

常用的巢室挡墙生态护岸有两种结构：巢室加筋挡墙（见图 3-37（a））和复合式巢室生态护岸挡墙（见图 3-37（b））。

巢室加筋挡墙在设计时需逐层验算挡墙的外部与内部稳定性：抗滑移稳定性（安全系数 1.5）、抗倾覆稳定性（安全系数 2.0）和地基承载力（安全系数 1.0～1.2），验算加筋结构的抗拔、抗拉伸过载、抗墙面连接失效等内部稳定性和局部稳定性。

复合式巢室生态护岸挡墙除了图 3-37（b）所示的"巢室+干砌石"复合式生态护岸挡墙外，还可与浆砌石挡墙、钢筋混凝土挡墙、石笼网箱挡墙组成复合式生态护岸挡墙。

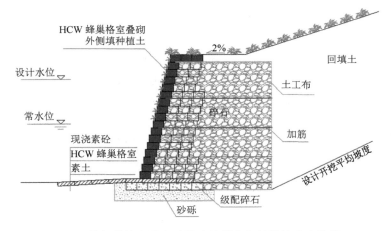

（a）外侧巢格中填充种植土的巢室加筋挡墙生态护岸

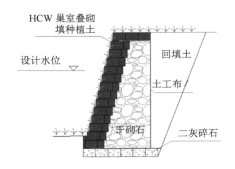

（b）复合式巢室生态护岸挡墙

图 3-37　巢室挡墙生态护岸结构示意图

巢室叠砌式生态护岸与巢室挡墙生态护岸的施工步骤近似，如图 3-38 所示。

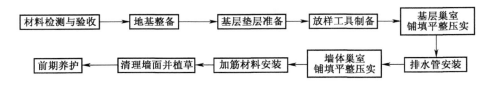

图 3-38　巢室叠砌式生态护岸与巢室挡墙生态护岸的施工步骤

4. 主要特性

● 抗水流冲蚀，保持水土。

- 建立适宜微生物附集、昆虫蛹化、植被生长、生物群落自然良性演替的开放的多孔隙环境。

- 建立以植被为主、陆水交融、可自然良性演替的生态群落。

- 蓝带水景与绿带植被景观相映成趣，具有极佳的景观效果。巢室平铺式生态护岸建植郁闭后实现100%绿化，且无工程痕迹。巢室叠砌式生态护岸与巢室挡墙生态护岸的波浪形凹凸起伏的彩色面板具有良好的装饰效果。叠砌露台建植后，可实现垂直绿化。

- 提高水体自净能力和岸基土壤渗滤净化、植被拦截吸附净污的能力。

- 柔性结构，可保留河川湖泊的蜿蜒曲折、高低起伏、变坡度的自然地形和功能。

- 施工速度快，是传统工艺的5～10倍。

3.1.5 生态清淤技术

1．概述

生态清淤是指去除沉积于湖底（河底）的富营养物质，包括高营养含量的软状沉积物（淤泥）和半悬浮的絮状物（藻类残骸和休眠状活体藻类等），生态清淤清除的是底层富含有机质的表层流泥，它以生态修复为目的，最大限度地清除底泥污染物、减少湖泛发生概率。在生态清淤的基础上，通过环境治理、生态工程和有效管理等综合工程和非工程措施，修复生态系统，保障湖泊生命健康和可持续发展。

2．技术与方法

生态清淤技术包括底泥调查技术、清淤范围与深度确定技术、施工技术及余水处理技术等各个方面。

（1）底泥调查技术

生态清淤实施前需要制定严格的清淤方案。清淤方案的制定通常包括以下步骤：首先，应通过底泥调查，掌握污染底泥的沉积特征、分布规律、理化性质；其次，确定合理的疏挖范围及规模、疏挖深度、疏挖方式及机械配置、工作制度及工期等；最后，选择底泥堆放场地并选取底泥处置工艺，明确底泥的最终出路。底泥调查主要包含水下地形测量、底泥勘探及淤积量计算及底泥污染状况调查等。

（2）清淤范围与深度确定技术

清淤范围的确定方法包括聚类分析法、层次分析法、经验法等。疏浚深度不仅决定着疏浚工程量和疏浚工程规模，而且直接影响疏浚效果。疏浚过浅达不到有效去除污染物质的目的，而疏浚过深又会破坏性地改变湖底形态，影响底栖生态环境和疏浚后的生态修复。清淤深度确定方法包括背景值比较法、拐点法、底泥分层释放法、生态风险系数法及经验值法等。

（3）施工技术

生态清淤工程目的是清除悬浮状与流动状的淤泥，同时施工中尽可能减少污泥扩散对周围水体的污染，减少施工对水体的扰动。施工设备须满足精确疏浚的要求，满足对细颗粒流泥的清除要求，满足低扰动疏浚的要求，满足疏浚技术经济的要求。在挖泥船的选择上，机械式挖泥船、水力式挖泥船及气动式挖泥船等各种类型的挖泥船和疏浚机具设备，在用于生态清淤时需重点在机械产生的扰动、疏浚精度控制能力、头部装置的密封和防扩散程度以及机械的抽吸能力等几个方面进行改进。

3.1.6 水系连通技术

1. 概述

水系连通技术指的是在水电工程建设过程中，为提高流域和区域水资源统筹调配能力，为洪水提供畅通出路和蓄泄空间，并增强水体自净能力和修复水

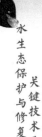

生态功能，需合理连通相关的河流、水库、湖泊、淀洼、蓄滞洪区等功能水体，统筹规划闸坝、堤防建设布局，合理优化现有闸坝调度运行方式，减缓工程建设引发的生态阻隔效应。其目的是恢复河湖水系在纵向（上下游、干支流）、横向（主槽与河漫滩及湿地）和竖向（地表水与地下水）的连通性特征。

2．技术与方法

水系连通技术包括工程措施和非工程措施两类。

工程措施包括：①连接通道的开挖和疏浚；②拆除控制闸坝，退渔还湖，退田还湖，恢复湖泊湿地河滩；③拆除岸线内非法建筑物、道路改线；④清除河道行洪障碍，扩大堤防间距，加宽河漫滩；⑤建设洄游鱼类的过鱼设施；⑥生物工程措施，包括人工适度干预，恢复湖泊天然水生植被，提高湖泊水生植物覆盖率。

非工程措施包括：①改进已建河湖连通控制闸坝的调度运行方式，制定运行标准，保障枯水季湖泊、湿地的水量；②建立湖泊健康评价标准，科学确定湖泊生态需水；③依据湖泊生态承载能力，划定环湖岸带生态保护区和缓冲区范围，明确生态功能定位；④实施流域水资源综合管理，对河流、湖泊、湿地、河漫滩实施一体化管理，建立跨行业、跨部门协商合作机制，推动社会公众参与；⑤建设生态监测网，开展河湖水系连通性和水文—地貌—生物状况定期评价。

3.1.7 河湖岸线控制技术

1．概述

河湖岸线控制技术指的是在分析总结岸线开发利用与保护中所存在的主要问题的基础上，合理确定岸线的范围、划分岸线功能区，并提出岸线布局调整和控制利用与保护措施。其目的是为保障河道（湖泊）行（蓄）洪安全和维护河流健康，科学合理地利用和保护岸线资源。

2．技术与方法

岸线控制线是指沿河流水流方向或湖泊沿岸周边为加强岸线资源的保护和合理开发而划定的管理控制线。岸线控制线分为临水控制线和外缘控制线。临水控制线是指为稳定河势、保障河道行洪安全和维护河流健康生命的基本要求，在河岸的临水一侧顺水流方向或湖泊沿岸周边临水一侧划定的管理控制线。外缘控制线是指岸线资源保护和管理的外缘边界线，一般以河（湖）堤防工程背水侧管理范围的外边线作为外缘控制线，对无堤段河道以设计洪水位与岸边的交界线作为外缘控制线。在外缘控制线和临水控制线之间的带状区域即为岸线。岸线既具有行洪、调节水流和维护河流（湖泊）健康的自然生态功能属性，同时在一定情况下，也具有开发利用价值的资源功能属性。任何进入外缘控制线以内岸线区域的开发利用行为都必须符合岸线功能区划的规定及管理要求，且原则上不得逾越临水控制线。

岸线功能区是根据岸线资源的自然和经济社会功能属性以及不同的要求，将岸线资源划分为不同类型的区段。岸线功能区界线与岸线控制线垂向或斜向相交。岸线功能区分为岸线保护区、岸线保留区、岸线控制利用区和岸线开发利用区四类。

3.2 生物多样性保护技术

3.2.1 过鱼设施

1．概述

过鱼设施是指为使洄游鱼类繁殖时能溯河或降河通过河道中的水利枢纽或天然河坝而设置的建筑物及设施的总称。通常采用的过鱼设施包括鱼道、仿自然通道、鱼闸、升鱼机和集运鱼船等（见表3-3）。

表 3-3　过鱼设施分类

过鱼设施	定义	优点	缺点	适用条件
鱼道	供鱼类洄游的人工水道	可连续过鱼，过鱼能力强，运行保证率高	一次性投资较高	中低水头
仿自然通道	通过模拟自然河流而建立的联系障碍物上下游的旁通水道	近自然状态，过鱼种类多、效果好，维护成本低	占地面积大，通道距离长，对上游水位波动敏感	水头，大空间河段，适合多种鱼类双向通过
鱼闸	利用上下闸门的启闭向通道注水来形成引流，将下游鱼类吸引并输送到上游的结构	占地面积少，一次性投资	操作复杂，过鱼量小，运行管理费用高	中、高水头且空间狭小河道，游泳能力差的鱼类
升鱼机	将鱼类吸引到位于障碍物下游的集鱼室内，然后将其提升到闸坝上游的设备	灵活性较好	集鱼困难，提运时间长，不利于大批鱼类过坝，运行管理费用高	高水头河流，适用于游泳能力差或体型较大的鱼类
集运鱼船	在下游捕获上溯的洄游鱼类并通过渔船或陆运方式转运到闸坝上游	移动方便，捕获灵活性好，重建洄游鱼类种群效果显著	捕捉和转运实施困难、费用昂贵，对鱼类损伤较大	高水头或鱼道设置存在困难地区，或在闸坝拦截河段缺少繁殖生境河段

2．技术与方法

（1）过鱼设施设计的基本步骤包括：

1）设计条件与方案选择

通过调查基本环境条件，包括相关法律法规、水文和水力学条件、地质与地貌条件、河流断面特征、底质；目标鱼种、过鱼季节等要素，选择鱼道结构型式。

2）过鱼设施设计

过鱼设施设计的初始步骤是在多种技术方法中，根据具体条件进行选择，然后依据技术规范或手册进行设计。对于溯河洄游鱼类可能的选择是：①拆除已经失去功能的闸坝等水利设施；②仿自然通道；③鱼道、升鱼机、鱼闸和集运鱼船；④改善闸坝调度方式为鱼类提供洄游条件。

3）设计评价与管理

溯河洄游鱼类设施设计的评价内容包括：是否在洄游主要时期有足够的流

量吸引鱼类；鱼道入口是否靠近坝址；鱼道出口是否远离堰、坝；每种目标鱼类物种是否都能通过鱼道；鱼道尺寸是否能够满足洄游高峰期鱼类通过的需要；鱼道的紊流是否在可接受的范围内；鱼道是否便于清理和维护，是否有过鱼设施的维护和清障技术规则等。

（2）过鱼设施及其设计要求

1）鱼道

鱼道按其结构型式可分为槽式鱼道、池式鱼道、梯级鱼道、鳗鱼道等。

鱼道池室宽度应根据过鱼对象的体长和设计过鱼规模综合分析后确定，一般取 2～5m。池室长度应按池室消能效果、鱼类的大小、习性和休息条件而定，约为鱼道宽度的 1.2～1.5 倍。池室水深应视鱼类习性而定，一般取 1.0～3.0m，对于表层型鱼类取小值，底层型鱼类取大值。鱼道的池间落差应按主要过鱼对象的种类及游泳能力确定，一般取 0.05～0.3m。鱼道底坡宜取统一的固定底坡。如因布置条件所限需变坡时，必须保持底坡的连续和缓变。当鱼道总落差较大、长度较长时，应间隔一定距离布置休息池，一般每隔 5～10 个标准水池设一个休息池。休息池长宜取池室长度的 1.7～2.0 倍。鱼道方向改变处应设置休息池，池内水流不可直接冲击池壁，避免形成螺旋流。

鱼道进口应设在经常有水流下泄、鱼类洄游路线及经常集群的地方，并尽可能靠近鱼类能上溯到达的最前沿。鱼道进口前水流不应有漩涡、水跃和大环流。进口下泄水流应使鱼类易于分辨和发现，有利于鱼类集结。如进口布置在电站尾水口上方，利用电站泄水诱鱼，或者布置在溢洪道侧旁，以及闸坝下游两侧岸坡处。鱼道进口位置应避开泥沙易淤积处，选择水质新鲜、肥沃的水域，避开有油污、化学性污染和漂浮物的水域。鱼道进口应能适应目标洄游鱼类对水流的要求及运行水位变化范围；为适应下游水位变化和不同过鱼对象的要求，可设置多个不同高程的进口。鱼道进口前宜设计成一个平面上呈"八"字张开的喇叭型水域，以帮助鱼群发现进口。在此水域中，应有明显的从进口流出的水流，且该水流占总水流的比例通常不应小于 1%～1.5%，枯水期应占到总水流的 10%左右。进口底板高程应低于下游最低设计进鱼水位 1.0～1.5m。一般进口设计成宽高比为 0.6～1.25 的方型入口。进口宜根据鱼类对光色、声音的反应设置照明、洒水管等诱鱼设施。

鱼道出口的平面位置应靠岸并远离泄水流道、发电厂房和取水泵房的进水口，以免过坝亲鱼被泄水或进水口前的水流，重新卷入下游。一般要求鱼道出口与取水、泄水建筑物进水口的距离不小于 100m。鱼道出口一定范围内不应有妨碍鱼类继续上溯的不利环境，如水质严重污染区、码头和船闸上游引航道出口等，要求水质清洁、无污染。鱼道出口要求布置在水深较大和流速较小的地点，位置设在最低水位线下，便于鱼类继续上溯。鱼道出口高程应能适应水库水位涨落的变化，确保出口处有一定的水深，一般应低于过鱼季节水库最低运行水位以下 1～2m。出口高程还需适应过鱼对象的习性，对于底层鱼应设置深潜的出口，幼鱼、中上层鱼的出口，可在水面以下 1～2m 处。如水库水位变幅较大，鱼道应设置若干个不同高程的出口，或采取其他结构、机械调节措施，以适应上游水位变幅，保持鱼道水池的水位、流量、流态条件的稳定。出口结构一般为开敞式，为控制鱼道进水量和鱼道检修，需设置闸门。出口视情况设置拦污和清污、冲污设施。

2）仿自然通道

仿自然通道是绕过河流障碍物并模仿自然河流形态而建立的联系障碍物上下游的旁通水道，适用于已建闸坝建筑物但需改造的工程。仿自然通道不仅为鱼类提供洄游通道，也可以为鱼类及其他喜流物种提供适宜栖息地。仿自然通道的建设以坡度变化丰富，河流地貌形态多样的自然河流为设计模型，满足洄游鱼类的需求。

仿自然旁通道一般分为进口、通道和出口三部分，可单独使用，也可与其他过鱼构筑物相结合，型式和形状可多样化。

仿自然旁通道系统要求有足够的空间，一般不适宜水头过高的大坝，也不适宜高山峡谷地区，并避开人口密集区域。仿自然旁通道应尽量利用或改造工程区内现有溪流、沟渠和废弃河道，增加鱼类栖息地面积，减少占地和工程成本。

近自然通道应满足以下要求：通道断面形状应尽可能多样，底部宽度应不小于 0.8m；坡降应尽可能平缓，一般不应超过 1:20；通道应设置流量调节设施，确保丰、枯不同季节洄游鱼类均能顺利通过；通道内水深应能满足鱼类洄游的需要，平均水深一般大于 0.5m；仿自然旁通道的水流流速、流量、落差和湍流应与河流中洄游鱼类的游泳能力和行为相适应。仿自然旁通道的设计应体现"亲近自然"的原则，通道底坡和边坡采用植物或捆枝与石块混合的结构；尽量避免使用钢筋混凝土、浆砌砖石等不透水结构。

近自然通道进口设计原则与鱼道类似。进口底部必须与河床和河岸基质相连，使底层鱼类能够进入，和河床底部之间应除去直立跌坎，若其间有高差应以斜坡相衔接。进口处可铺设一些原河床的卵砾石，以模拟自然河床的底质和色泽。进口应能适应下游水位的涨落，适应鱼类对水深的要求，保证在过鱼季节进鱼口水深不小于 1.0m，必要时可设计多个不同高程的进口。进口应确保在任何情况下都有足够的吸引水流，必要时可设置补水设施。

近自然通道出口设计原则与鱼道类似。出口位置的选择应满足以下要求：应远离泄水闸、船闸及取水建筑物，周边不应有妨碍鱼类继续上溯的不利环境；出口外水流平顺，没有漩涡，鱼类能够沿着水流和岸边线顺利上溯；出口应能适应上游水位的变动，保证有足够的水深，与上游水面衔接良好；应设置水流控制闸门，调节进入旁通道的流量。

3）鱼闸

鱼闸结构与船闸类似，由闸室及具有闭合装置的下闸门和上闸门组成。闸室和闭合装置的结构设计取决于工程具体条件。闸室设计时，为防止鱼类滞留在因水量下泄变干涸的部位，闸室底部可采用阶梯式或者倾斜式。为满足大量鱼类在闸室内长时间停留的需要，闸室的尺寸应大于普通鱼道池室尺寸。

通过旁路送水可产生或加强吸引流，闸室出水口的横断面尺寸应确保吸引流流速范围在 0.9～2.0m/s 之间。在设计闸室充水阶段、过渡阶段的流入量和排出量时，需使闸室内的流速低于 1.5m/s，闸室内的水位涨落幅度应低于 2.5m/min。

鱼闸位置和进出口布置可采用与鱼道相同的标准，由于其结构轻便，鱼闸可安放在隔墩之间。

4）升鱼机

升鱼机一般用于水位变幅较大（一般大于 6～10m），由于空间布置、流量、鱼类行为习性等限制不能采用传统鱼道的工程。

升鱼机用水槽作为输送装置，水槽安装有可关闭或翻转的门（见图 3-39）。在坝下游侧水槽沉入水底，采用吸引流将鱼引至升鱼机。升降机的下门定时关闭，聚集在水槽内的鱼被运送至坝顶部。出口处可与上游水体做不漏水连接，也可让水槽在高于上游水位处倾入渠道，鱼类通过对上游吸引流的察觉到达上游水体。升鱼机的循环操作周期可根据鱼类实际洄游活动确定。

3.2.2　增殖放流

1．概述

洄游鱼类增殖放流是指对处于濒危状况或受到人类活动胁迫严重，具有生态及经济价值的特定鱼类进行驯化、养殖和人工放流，使之得到有效保护，设置鱼类增殖放流站是缓解胁迫作用和恢复鱼类资源的有效手段之一。增殖放流站的主要任务是通过对开发河段野生亲本的捕捞、运输、驯养、人工繁殖和苗种培育，对放流苗种进行标志（或标记），建立遗传档案并实施增殖放流。

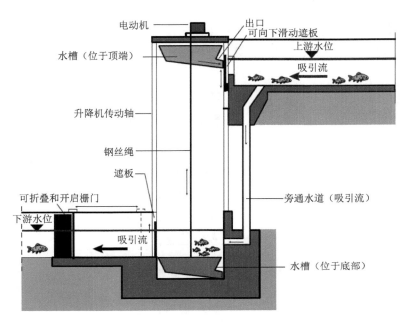

图 3-39　升鱼机结构和功能原理示意图

2．技术与方法

鱼类增殖放流站的设计内容主要包括站址选择、建设规模、工程布置和运行管理。增殖放流站建设条件主要包括：水源充足、给水及排水方便、水质清洁、环境良好、抗洪能力强、无工业污染、交通、用电方便等。建设规模结合增殖放流站近期和远期放流任务的需求和放流对象人工繁殖技术综合确定。增殖放流站的主要建筑物包括蓄水池、孵化车间、亲鱼驯化培育池、后备亲鱼培育池、苗种培育池、综合楼等。增殖放流站的技术工作包括亲鱼选择与亲鱼培育、人工繁殖、鱼卵孵化、鱼苗鱼种培育、大规格鱼种培育等任务。在实施放流时，需对放流鱼种质量、放流规格和数量、放流位置、放流技术等进行全面了解。增殖放流站生产工艺流程图如图 3-40 所示。

（1）放流鱼种质量

在增殖放流前充分了解拟引进或放流种类的生物学特性及其放流的环境条件。根据《水产苗种管理办法》，放流的幼鱼必须是由野生亲本人工繁殖的子一代。放流苗种必须无伤残、无病害，体格健壮，应禁止向天然水域放流杂交种、转基因种、外来物种及其他种质不纯的物种。

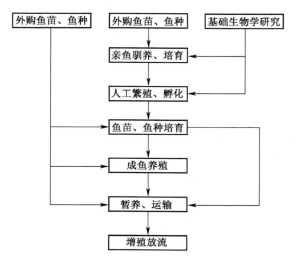

图 3-40　增殖放流站生产工艺流程图

（2）放流规格和数量

增大放流鱼种的规格是提高其成活率的重要因素，通常是苗种规格越大成活率越高，并且在其规格达到能够躲避敌害鱼类时，自然死亡率变得很低。增大规格会提高放流成本，因此，最佳的放流规格应是种苗放流存活率较高的最小体长。放流数量主要从物种保护的角度出发，在经济合理的基础上，合理确定放流数量，以达到增加鱼类种群数量，遏制鱼类资源衰退的目的。

（3）放流位置

根据鱼类对生存环境的要求，放流地点的选择需避开坝址下泄水所造成的气体过饱和及下泄低温水影响的河段。放流地点的选择应满足以下要求：交通方便水流平缓，水域较开阔的库湾或河道中回水湾；水深 5m 以内，凶猛性鱼类少；饵料生物相对丰富。

3.2.3　迁地保护

1．概述

迁地保护是指为洄游鱼类提供新的产卵场、索饵场和越冬场的一种保护措施，它是就地保护的一种补充。

2．技术与方法

迁地保护的鱼类选择应符合以下原则：①物种原有生境破碎或消失；②物种的数目下降到极低的水平，种内难以进行交配；③物种的生存条件突然恶化。这类物种常常具有极窄的生态位阈值，适应能力较差，当生境条件的某一个或某几个生态因子突然恶化时，将导致该物种的灭绝。

迁地保护主要环节包括引种、驯养、繁育及野化。引种是迁地保护的首要工作，指捕捉、检疫、运输等一系列工作。应针对不同鱼类物种采用适宜的捕捉和运输方式，并合理引入雌雄个体及成幼个体的数量与比例。驯养是保证被保护鱼类存活的基本工作，驯养早期阶段应有专人饲喂及日常管理，以使鱼类早日适应人工饲养环境。遗传管理是一项较新的任务，指应用现代新技术检测饲育鱼类的遗传多样性，建立谱系记录簿，以利于持久地保存其遗传多样性，避免近亲繁殖。野化即物种再引入，指把饲养下繁殖的后代再引入到自然栖息地，复壮面临灭绝的鱼类物种或重建已消失的种群的过程。野化前应先进行驯化，待其具有独立生活能力后，才可减少人为管理。

由于各方面因素的制约，迁地保护工作存在着一定的局限性。迁地保护的成效多取决于政策和经费的连续性，而且由于迁地保护场所在数量上和面积上的限制，不同的亚种、不同的生态型个体常常混养在一起，物种的遗传成分混杂。同时，迁地保护的濒危物种由于长期受到无意识的人工选择，并不能获取有利于进化的遗传多样性，缺乏野外生存所必需的觅食、逃避天敌的行为技巧，难以适应变化了的环境条件。

3.2.4 "三场"维护技术

1．概述

"三场"维护技术指的是在水电工程建设过程中，为保护特有、濒危、土著及重要渔业资源，需特殊保护和保留未开发的河段，对"三场"（产卵场、索饵场、越冬场）等重要原生境进行保护。

2．技术与方法

在对"三场"分布进行综合评价的基础上，对于有重要"三场"分布的区域，应根据鱼类产卵类型，提出"三场"保护要求，并以水生态区为单元，确定保护优先顺序，划定重点原生境保护区，以便更集中地进行保护。重点原生境保护区的划定需要考虑：保护对象的分布地点、土地利用形式、水域和涉水建筑物的管理权限、利益相关人的意见以及保护区可能受到威胁的人类活动。在此基础上，提出要实现保护目标需要采取的行动及研究计划。鱼类"三场"保护的具体要求可通过流速、水深、水面宽、过水断面面积、湿周、水温等水力参数及急流、缓流、深潭、浅滩等流态和地貌参数进行表征。

3.2.5 分层取水技术

1．概述

分层取水技术是指为减缓下泄低温水对下游水生生物或农田灌溉的不利影响所采取的水温恢复与调控措施，一般可设置分层取水建筑物，尽可能下泄表层水。

2．技术与方法

在掌握水温分布规律的基础上，根据下游具有生物目标的水温需求，经综合分析，选择适宜的水温恢复措施和目标，在大坝结构中设置水库分层取水设施。

（1）分层取水结构

1）多孔式取水设施

在取水范围内设置高程不同的多个孔口，取水口中心高程根据取水水温的要求设定，不同高程的孔口通过竖井或斜井连通，每个孔口分别由闸门控制。运行时可根据需要，启闭不同高程的闸门，达到分层取水的目的。其结构简单，运行管理方便，工程造价较低，其缺点是由于孔口分层的限制而不能连续取得表层水（见图3-41）。

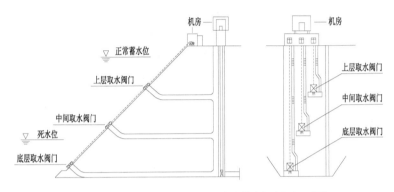

图3-41　泽雅水库分层取水建筑物剖面和立面图

2）叠梁门分层取水设施

在常规进水口拦污栅与检修闸门之间设置钢筋混凝土隔墩，隔墩与进水口两侧边墙形成从进水口底板至顶部的取水口，各个取水口均设置叠梁门。叠梁门门顶高程根据满足下泄水温和进水口水力学要求确定，用叠梁门和钢筋混凝土隔墩挡住水库中下层低温水，水库表层水通过取水口叠梁门顶部进入取水道（图 3-42）。其优点是适用于不同取水规模的工程，可以根据不同水库水位及水温要求来调节取水高度，运行灵活。

3）半圆套筒闸门取水设施

半圆套筒取水闸门是由一组互相选套的钢结构半圆筒组成，同心的几个半圆筒内径自上而下由大到小，经选套形成整体半圆套筒闸门挡水。单独的半圆筒可以独立升降，这样组合起来的整体半圆套筒可以随水位变化而伸缩，达到取表层水的目的。

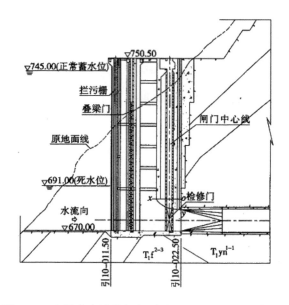

图 3-42 光照水电站叠梁门型分层取水建筑物剖面图

当水库水位变化时,筒顶水深也随之变化,这时启闭系统配置的自动跟踪装置发出讯号,控制半圆套筒伸缩。当水库水位已下降至表层取水范围的下限值时,闸门已完全选套在一起,这时将整体套筒全部提起,就能取到最下一层水。这种取水方案流态简单,整个表层取水过程都是薄壁堰流或实用堰流。所需控制的是筒内外水头差、进口行进流速和筒内流速,这些因素相互影响,是决定整套取水装置尺寸的基本参数。半圆筒取水闸门对制作工艺、运输和安装要求较高,若不能达到较高的圆度要求,稍有变形,运行时容易发生卡阻,不能自由伸缩。当水头较高,而套筒无法收缩时,会出现水头差过大,甚至空筒,从而造成套筒失稳破坏。

4)圆套筒式分层取水装置

圆套筒式分层取水装置由多节圆筒形门叶组成,其结构类似电视机上的拉杆天线。为使闸门伸缩自如,每节门叶均需设置悬臂杆,杆端安装主滚轮或滑瓦，使圆筒闸门沿埋在取水塔上的主轨上下行走。按照取水方式分，有吸入式和溢流式两大类。按照闸门升降方式分，有机械式和浮动式两种。机械式利用固定式启闭机通过联系构件与圆筒相连，用启闭机提升筒体，靠自重下降；浮动式把第一节圆筒悬挂在一个盘状浮子上，靠浮子的浮力支持，使筒首喇叭口随库水位变化而升降，保持固定的取水深度（见图3-43）。

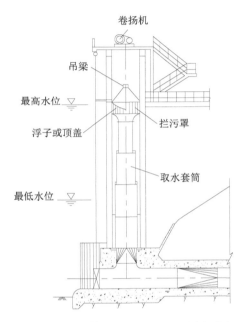

图 3-43　圆筒型分层取水建筑物剖面图

（2）分层取水结构设计

分层取水设施布置和结构设计应遵循《水利水电工程进水口设计规范》（SL 285－2003）和《水电站进水口设计规范》（DL/T 5398－2007），参考《水工设计手册》（第二版）。采用叠梁门和多层取水口设计时，应考虑下列内容：

1）叠梁门控制分层取水时，门顶过流水深应通过取水流量与流态、取水水温计算以及单节门高度等综合分析后选定。

2）叠梁门单节高度应结合水库库容及水温计算成果进行设置，确保下泄水温，同时也应避免频繁启闭，一般单节叠梁门高度 5～10m，就近设置叠梁门库，便于操作管理。

3）多个取水口并排的叠梁门式分层取水建筑物，可在叠梁门与取水口之间设置通仓流道。通仓宽度应根据流量、流速、流态等确定，必要时应通过水工模型试验论证，一般不宜小于取水口喇叭段最前缘宽度的 1/2，通仓内流速不宜超过 1.0～1.5m/s。若通仓内存在漩涡，应进行消涡措施计算与分析。

4）多层取水口型式的分层取水建筑物，不同高程的取水口可根据实际情况上下重叠布置或水平错开布置，且应确保每层取水口的取水深度和最小淹没水深。

5）多层取水口型式的每层取水口应设置一扇阻水闸门，根据水库水位的变化以及下泄水温要求，开启或关闭相应高程闸门，达到控制取水的目的。阻水闸门宜布置紧凑，便于运行管理。

6）多层取水口之间一般通过汇流竖井连通，竖井底部连接引水隧洞。为确保竖井内水流平顺，竖井断面不宜小于取水口过流面积。

7）叠梁门分层取水进水口的门顶过流为堰流形式，除应根据门顶过水深度计算过流能力外，还应计算叠梁门上下游水位差，确保叠梁门及门槽结构安全。

8）多层取水口分层取水各高程进水口及叠梁门后进水口应计算最小淹没深度，防止产生贯通漩涡以及出现负压。

3.2.6　过饱和气体控制技术

1．概述

过饱和气体控制技术指的是结合水库运行、发电、泄洪等需求，设计尽可能满足鱼类栖息和繁殖所需水文节律的水库运行及泄洪方式，其目的是降低水库下泄水气体饱和度，减轻水电工程对水生态的不利影响。

2. 技术与方法

水电工程水体中气体过饱和现象主要产生在泄洪时期，为减少气体过饱和现象的产生，需结合水电工程设计、建设和运行管理等环节综合解决，准确预测水文气象情势，做好优化调度，减少泄洪，从而减少过饱和气体对下游水生生态的影响。在工程设计过程中，要尽可能地采取底流消能方式，减少挑流消能方式，从根本上减少气体过饱和现象的发生。同时，需加强监测工作，监测内容包括物理化学要素监测（如溶解性氮气、溶解氧、总溶解性气体）、生物要素监测（如鱼类生物学致死效应监测、鱼苗气泡病监测、鱼类生物学异常监测）等。

第 4 章　环境流调控技术

　　环境流，指维持淡水生态系统及其对人类提供的服务所必需的水流条件，包括水量、水质及时空分布。环境流可以解释为维持河流生态环境需要保留在河道内的基本流量及过程，不仅包括枯季最小流量，也包括汛期洪水过程；不仅包括水量过程，也包括水动力及水的物理化学变化过程。环境流是人类在进行水资源配置和管理中分配给河流生态系统的流量，具有维持河流持续性、保证河流自净扩散能力、维持泥沙营养物质输移和水生态系统平衡等作用，并可为水库生态调度和河道生态修复等提供依据，类似的概念如生态环境需水量、生态需水量、环境需水量等。环境流强调不但要维持流域生态环境健康和生活服务价值，而且要符合一定水质、水量和时空分布规律要求，强调一个完整的水文过程。因此，环境流不仅仅是一个科学术语，而且是比技术问题更为复杂的管理问题，环境流调控技术也应运而生。

　　本章从生态水文学和环境生态学角度入手，基于环境流概念及其相关理论，对生态需水确定技术与方法、生态调度技术进行了较为全面、详细深入地介绍，旨在为环境流量调控提供技术支撑。

4.1 生态需水确定技术与方法

生态需水从广义上讲是指维持全球生态系统水分平衡包括水热平衡、水盐平衡、水沙平衡等所需用的水；狭义上指为维护生态环境不再恶化，并逐渐改善所需要消耗的水资源总量。按照生态系统所处的空间位置可将生态需水划分为河道内生态需水与河道外生态需水。河道内生态需水包括河流、湖泊与河口生态需水，河道外生态需水包括植被、湿地、城市、沼泽生态需水等，基于本书的编写目的和参考人群考虑，在此河道内生态需水确定技术重点介绍河流生态需水、湖泊生态需水和河口生态需水，河道外生态需水确定技术重点介绍植被生态需水、湿地生态需水和城市生态需水。

4.1.1 河流生态需水确定技术

河流生态需水指的是在满足一定水质要求的条件下，能够补充河流系统中水体蒸发、入渗及天然和人工植被耗水量、维持水生生物栖息地与水沙、水盐平衡，保持河道系统具有一定稀释净化能力的水量。计算河流生态需水的方法可以分为四类：水文学法、水力学法、栖息地生境法以及综合法。

◆ 4.1.1.1 水文学法

1. 概述

水文学法根据水文资料中的历史流量资料计算生态需水，属于统计学方法。其优点是不需要现场测定数据，使用简单、方便。但不足之处在于未考虑生物需求和生物间的相互作用，一般用于河流系统优先度不高的河段流量计算，或者作为其他方法的一种检验。

2．技术与方法

（1）蒙大拿法（Tennant Method）

蒙大拿法依据观测资料建立流量和栖息地质量之间的经验关系，它仅使用历史流量资料就可以确定生态需水，容易将计算结果和水资源规划相结合，具有宏观的指导意义。该方法主要适用于北温带大的、常年性河流生态系统，作为河流进行最初目标管理、战略性管理方法使用；不适用于季节性河流。

该法建立了河流流量和水生生物、河流景观及娱乐之间的关系，取年天然径流的百分比作为河流生态需水的推荐值，见表4-1。

表 4-1　河内流量与鱼类、野生动物、娱乐及相关环境资源关系

流量值及相应栖息地的定性描述	推荐的基流占多年平均天然流量的百分比（年平均流量百分数，%）	
	一般用水期（10～次年 3 月）	鱼类产卵育幼期（4～9 月）
最大	200	200
最佳流量	60～100	60～100
极好	40	60
非常好	30	50
好	20	40
开始退化的	10	30
差或最小	10	10
极差	0～10	0～10

表 4-1 说明：①10%的平均流量：对大多数水生生命体来说，是建议的支撑短期生存栖息地的最小瞬时流量。此时，河槽宽度、水深及流速显著地减少，水生栖息地已经退化，河流底质或湿周有近一半暴露，旁支河道将严重地或全部脱水。要使河段具有鱼类栖息和产卵、育幼等生态功能，必须保持河流水面、流量处于上佳状态，以便使其具有适宜的浅滩水面和水深。②对一般河流而言，河流流量占年平均流量的 60%～100%，河宽、水深及流速为水生生物提供优良的生长环境，大部分河流急流与浅滩将被淹没，只有少数卵石、沙坝露出水面，

岸边滩地将成为鱼类能够游及的地带，岸边植物将有充足的水量，无脊椎动物种类繁多、数量丰富；可满足捕鱼、划船、及大游艇航行的要求。③河流流量占年平均流量的 30%～60%，河宽、水深及流速一般是令人满意的。除极宽的浅滩外，大部分浅滩能被水淹没，大部分边槽将有水流，许多河岸能够成为鱼类的活动区，无脊椎动物有所减少，但对鱼类觅食影响不大；可以满足捕鱼、筏船和一般旅游的要求，河流及天然景色还是令人满意的。④对于大江大河，河流流量 5%～10%，仍有一定的河宽、水深和流速，可以满足鱼类洄游、生存和旅游、景观的一般要求，是保持绝大数水生物短时间生存所必需的瞬时最低流量。

河道生态环境需水量的计算公式为：

$$W_t = \sum_{i=1}^{12} M_i N_i \qquad (4\text{-}1)$$

式中：W_t 为河道生态环境需水量，M_i 为一年内第 i 个月多年平均流量，N_i 对应第 i 月份的推荐基流百分比。

（2）德克萨斯法（Texas Method）

德克萨斯法是在蒙大拿法的基础上进一步考虑了水文季节变化因素，通过对各月的流量频率曲线进行计算后，取 50%保证率下的月流量的特定百分率作为最小流量，其特定百分率的设定以研究区典型植物以及鱼类的水量需求为依据。该法具有地域性，对流量变化主要受融雪影响的河流较适用。

（3）NGPRP 法（Northern Great Plains Resource Program Method）

NGPRP 法将水文年按枯水年、平水年和丰水年分组，取平水年组 90%保证率流量作为最小流量。其优点是考虑了枯水年、平水年和丰水年的差别，综合了气候状况以及可接受频率因素，缺点是缺乏生物学依据。

（4）基本流量法（Basic Flow Method）

基本流量法选取平均年的 1、2、3、……、100d 的最小流量系列，计算 1 和 2，2 和 3，……，99 和 100 点之间的流量变化情况，将相对流量变化最大处点的流量设定为河流所需基本流量。该法是根据河流流量变化状况确定所需流量，能反映出年平均流量相同的季节性河流和非季节性河流在生态环境需水量上的差别，计算简单，但缺乏生物学资料证明。

（5）流量历时曲线法

流量历时曲线法利用历史流量资料构建各月流量历时曲线，将某个累积频率相应的流量（Q_p）作为生态流量。Q_p 的频率 P 可取 90% 或 95%，也可根据需要作适当调整。Q_{90} 为通常使用的枯水流量指数，是水生栖息地的最小流量，为警告水管理者的危险流量条件的临界值。Q_{95} 为通常使用的低流量指数或者极端低流量条件指标，为保护河流的最小流量。该法一般需要 20 年以上的日流量系列。

（6）最小月平均流量法

最小月平均流量法以河流最小月平均实测径流量的多年平均值作为河流的基本生态环境需水量。其计算公式为：

$$W_b = \frac{T}{n}\sum_{i}^{n}\min(Q_{ij})\times 10^{-8} \qquad (4\text{-}2)$$

式中：W_b 为河流基本生态需水量（$10^8\mathrm{m}^3$）；Q_{ij} 为第 i 年第 j 个月的月平均流量（m^3/s）；T 为换算系数，其值为 31.536×10^6；n 为统计年数。

（7）7Q10 法

该方法是针对河流水质污染，稀释自净所需水量的一种方法。采用 90% 保证率最枯连续 7 天的平均水量作为河流最小流量设计值。该法主要用于计算污染物允许排放量，由于该标准要求较高，我国在《制订地方水污染物排放标准的技术原则和方法》（GB 3839－83）中规定：一般河流采用近 10 年最枯月平均流量或 90% 保证率最枯月平均流量。

（8）河流水面蒸发和河道渗漏用水量法

水面蒸发用水量指当水面蒸发高于降水时，通过水面蒸发量与降水量差值所计算的消耗于蒸发的净水量。当降水量大于蒸发量时，就认为蒸发生态用水量为零。蒸发用水一般根据河流水面面积、降水量和水面蒸发量，由水量平衡原理计算，其计算公式为：

$$W_E = (E - P)A \times 10^{11} \qquad E > P \qquad (4\text{-}3)$$

$$W_E = 0 \qquad E < P \qquad (4\text{-}4)$$

式中：W_E 为水面蒸发用水量（$10^8 m^3$）；A 为各月平均水面面积（m^2）；E 为各月平均蒸发量（mm），由 E_{601} 水面蒸发器测定结果计算而得；P 为各月平均降水量（mm）。

渗漏用水量指当河道水位高于两岸地下水位时，河水将通过渗漏补给地下水。渗漏需水一般采用传统的达西定律计算：

$$Q_渗 = K'Fh/L \qquad (4\text{-}5)$$

式中：$Q_渗$ 为单位时间渗流量，F 为过水断面，h 为总水头损失，L 为渗流路径长度，$I = h/L$ 为水力坡度，K' 为渗流系数。

（9）水质目标法

该方法在考虑河段上游来流量污染物浓度、河段内污染物产生量、河段内污染物治理浓度、河段内污废水资源化程度、河段内城市污废水产生总量和污染物削减综合状况的条件下，得出满足河段水质控制目标的相应水量，以水质目标来约束计算河段的最小流量。其基本模式如下：

$$C_s[Q_i + \sum q(1 - K_2)] = (1 - K)[Q_i C_i + W(1 - K_1)(1 - K_2)] \qquad (4\text{-}6)$$

式中：C_s 为计算河段水质目标值（mg/L）；Q_i 为 i 断面上游来水量（m^2/s）；C_i 为 i 断面污染物浓度（mg/L）；W 为河段内污染物总量（g/s）；$\sum q$ 为河段内污废水总量（m^3/s）；K 为污染物削减综合系数；K_1 为河段内污染物治理系数；K_2 为河段内污废水资源化系数；K_1、K_2 是两个与社会经济发展、环境保护投资及水污染治理投资、污染源治理效益和废污水资源化条件等有关的治理系数。

◆ 4.1.1.2 水力学法

1．概述

水力学法通过研究生物对湿周、流速、水深等水力参数的需求，从而确定生态需水。该方法的优点：

（1）包括较多具体的河流信息。

（2）仅需进行简单的现场测量，不需要详细的物种生境关系数据，数据容易获得。

缺点：

（1）忽视了水流流速的变化，未能考虑河流中具体的物种不同生命阶段的需求。

（2）该类方法假定河道在时间尺度上是稳定的，并且所选择的横断面能够确切地表征整个河道的特征，而实际情况并非如此。

（3）体现不出季节变化因素，不适用确定季节性河流流量。因此主要适用于泥沙含量小，水环境污染不明显的小型河流或者流量很小且相对稳定的河流。代表性方法包括：湿周法与 R2-Cross 法。

2. 技术与方法

（1）湿周法

湿周法假设保护好临界区域的水生栖息地的湿周会对非临界区域的栖息地提供足够的保护。通常湿周是随着河流流量的增大而增加的，然而，当湿周超过其临界值时，河流流量再大量增加，湿周的增加量变化也很小。因此，只要保护好临界湿周，也就能基本满足非临界状态下的河流水生生物栖息地的最低要求。通常假设浅滩是最临界的栖息地类型，湿周的断面一般选在浅滩。由于该方法得到的河流流量值会受到河道形状的影响，因此，该法适用于河床形状稳定的宽浅矩形和抛物线型河道。

该法利用湿周作为栖息地质量指标，建立临界栖息地湿周与流量的关系曲线，根据湿周－流量关系图中的拐点（见图 4-1）确定河流生态流量。当拐点不明显时，以某个湿周率（某个流量相应的湿周占多年平均流量相应湿周的百分比，一般采用 80% 的湿周率）相对应的流量，作为生态流量。当有多个拐点时，可采用湿周率最接近 80%的拐点。此生态流量为保护水生物栖息地的最小流量。湿周法受河道形状影响较大，三角形河道湿周流量关系曲线的拐点不明显；河床形状不稳定且随时间变化的河道，没有稳定的湿周流量关系曲线，拐点随时间变化。

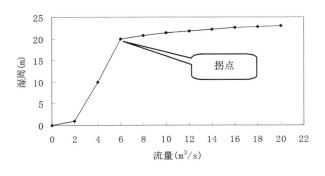

图 4-1　湿周－流量关系图

（2）R2-Cross 法

R2-Cross 法与湿周法具有相同的假设，即假设浅滩是最临界的栖息地类型，保护浅滩栖息地也将保护其他的水生栖息地，如水塘和水道。该法将平均深度、平均流速以及湿周占横断面周长的百分数作为反映生物栖息地质量的水力学指标，以曼宁公式为基础，计算所需水量。并认为对于一般的浅滩式河流栖息地，如果作为反映生物栖息地质量的水力学指标，且在浅滩栖息地能够使这些指标保持在相当满意的水平上，那么也足以维护非浅滩栖息地内生物体和水生生境。由于水深、河宽、流速等必须通过对河流的断面进行实地调查才能确定有关的参数，所以该法应用难度大，一般适用于河宽为 0.3～31m 的非季节性小型河流，不能用于确定季节性河流的流量。

其中，所有河流的平均流速推荐采用 30.48cm/s 的常数；平均深度、湿周长百分数标准分别是河流顶宽和河流总长与湿周之比的函数。因此该法确定最小生态需水量具有两个标准：一是湿周率，二是保持一定比例的河流宽度、平均水深以及平均流速。

美国科罗拉多州对该州自由流动的河流进行了大量调查研究，提出了不同尺度河流的浅滩栖息地的水力参数，见表 4-2。其水力参数相应流量即为生态流量。它将河流平均深度、平均流速和湿周长度作为栖息地质量指标。此最小生态流量为保护水生物栖息地的最小流量。

表 4-2 R2-Cross 单断面法确定生态流量的标准

河顶宽度（m）	平均水深（m）	湿周率（%）	流速（m/s）
0.3～6	0.06	50	0.30
6～12	0.12	50	0.30
12～18	0.18	50～60	0.30
18～31	0.30	≥70	0.30

◆ 4.1.1.3 栖息地生境法

1．概述

栖息地法是一种属于物理实验模型的方法，它在水力学方法的基础上根据指示物种所需的水利条件（水量、流速、水质和水生物种等）确定河流流量，从而为水生生物提供一个适宜的物理生境。该法比前两种方法更具灵活性，可以考虑到全年中许多生物物种及其不同生命阶段所利用栖息地的变化，从而选择能提供这种栖息地的流量。但是要达到上述优点，就意味着需要对水生态系统有足够的了解和清晰的管理目标，以便解决不同物种或不同生命阶段在栖息地需求上的矛盾，这就需要投入相当多的时间、资金和专门技术，同时所需的定量生物资料常常难以获得。栖息地流量的关系可以用来评估不同的流量管理目标，并成为选择适当流量的信息基础。该法对于解决较小型河道生态环境需水较为实用。主要代表方法有：有效宽度（UW）法、加权有效宽度（WUW）法、河道内流量增加（IFIM）法。

2．技术与方法

（1）有效宽度（UW）法

有效宽度法通过建立河道流量和某个物种有效水面宽度的关系，以有效宽度占总宽度的某个百分数相应的流量作为最小可接受的流量。有效宽度是指满足某个物种需要的水深、流速等参数的水面宽度，不满足要求的部分就算无效宽度。

（2）加权有效宽度（WUW）法

加权有效宽度法将一个断面分为几个部分，每一部分乘以该部分的平均流速、平均深度和相应的权重参数，从而得出加权后的有效水面宽度。权重参数的取值范围为从 0 到 1。

（3）河道内流量增加法（IFIM）

河道内流量增加法由一系列水量、水质、生态等专业模型和各类方法库组成，综合考虑水量、流速、最小水深、河床底质、水温、溶解氧、总碱度、浊度、透光度、水生物种等影响因子，把大量的水文水化学现场数据与选定的水生生物在不同生长阶段的生物学信息相结合，采用物理栖息地模拟模型 PHABSM（Physical Habitat Simulation Model）模型，模拟流速变化、栖息地类型及适宜生境面积的关系，并做出综合评价。其计算结果常用来评价水资源开发建设项目对下游水生生物栖息地的影响。

◆ **4.1.1.4 综合法**

1. 概述

该法是从研究区生态环境整体出发，集中相关学科的专家小组意见，通过综合研究河道内流量、泥沙运输、河床形状与河岸带群落之间的关系确定流量的推荐值，并要求这个推荐值能够同时满足生物保护、栖息地维持、泥沙冲淤、污染控制和景观维持等整体生态功能。该法克服了栖息地法只针对一两种指示生物的缺点，强调河流是一个生态系统整体，是目前最为合理的一种方法。但是该法需要的人力、物力最大，费用最高，数据最多，使其应用受到一定的限制；同时某些生态资料无法得到满足，只有依靠专家的经验确定生态需水。综合法主要包括南非的 BBM 法和澳大利亚的整体评价法。

2．技术与方法

（1）BBM 法（Building Block Methodology）

BBM 法首先考察河流系统整体生态环境对水量和水质的要求，然后预先设定一个可满足需水要求的状态，以预定状态为目标，综合考虑砌块确定原则和专家小组意见，将流量组成人为分成 4 个砌块：枯水年基流量、平水年基流量、枯水年高流量和平水年高流量。河流基本特性由这 4 个砌块决定，最后通过综合分析确定满足需水要求的河道流量。

（2）整体评价法（Holistic Approach）

整体评价法通过综合评价整个河流系统来确定流量的推荐值，要求以保持河流流量的完整性、天然季节性和地域变化性为基本原则，着重分析不同等级的洪水影响情况，强调洪水和低流量对河流生态系统保护的重要性。因此该法的关键是要有实测天然日流量系列、相关学科的专家小组、现场调查以及公众参与等。

4.1.2　湖泊生态需水确定技术

湖泊生态需水量是指维持湖泊生态系统结构，发挥其正常功能所必需的水量。计算湖泊生态需水的方法主要有：水量平衡法、换水周期法、最小水位法。

◆ 4.1.2.1　水量平衡法

1．概述

水量平衡法遵循水量平衡基本原理，是较为简单与常用的研究方法，适用于水量充沛的吞吐湖和受人为干扰较小的湖泊。

2．技术与方法

$$\Delta W_l = (P + R_i) - (E + R_f) + \Delta W_g \tag{4-7}$$

式中：ΔW_l 为湖泊洼地蓄水量的变化量（m³）；P 为降水量（m³）；R_i 为地表径

流的入湖水量（m³）；R_f 为地表径流的出湖水量（m³）；E 为蒸发量（m³）；ΔW_g 为地下水变化量（m³）。

◆ **4.1.2.2 换水周期法**

1. 概述

换水周期法是计算湖泊生态需水量的一种简单实用的方法，但是在干旱半干旱区湖泊来水及贮水量都较小的情况下，湖泊换水会造成湖泊水量得不到补充而引起湖泊生态与环境的恶化，造成换水周期法受限。

2. 技术与方法

其计算公式如下：

$$W_{l\min} = W_枯 / T \qquad (4-8)$$

$$T = W_蓄 / Q_出 \qquad (4-9)$$

式中：T 为换水周期（s）；$W_蓄$ 为多年平均蓄水量（m³）；$Q_出$ 为多年平均出湖流量（m³/s）；$W_枯$ 为枯水期的出湖水量（m³）；$W_{l\min}$ 为湖泊最小生态环境需水量（m³/s）。

◆ **4.1.2.3 最小水位法**

1. 概述

最小水位法需要确定湖泊出入水量和湖泊最低生态水位，计算湖泊最低生态水位的方法主要有天然水位资料法、湖泊形态分析法、最小生物空间法。可表述如下：

$$W_{l\min} = H_{\min} \times S \qquad (4-10)$$

式中：$W_{l\min}$ 为湖泊最小生态环境需水量（m³）；$H_{\min}$ 为维持湖泊生态系统各组成分和满足湖泊主要生态环境功能的最小水位最大值（m）；S 为水面面积（m²）。

2. 技术与方法

（1）天然水位资料法

湖泊最低生态水位定义为维持湖泊生态系统不发生严重退化的最低水位。天然情况下的低水位对生态系统的干扰在生态系统的弹性范围内。湖泊最低生态水位表达式如公式（4-11）：

$$Ze\min = \mathrm{Min}(Z\min 1, Z\min 2, \cdots Z\min i, \cdots Z\min n) \qquad (4\text{-}11)$$

式中：$Ze\min$ 为湖泊最低生态水位（m）；$\mathrm{Min}()$ 为取最小值的函数；$Z\min i$ 为第 i 年最小日均水位（m）；n 为统计的天然水位资料系列长度。其中，统计系列长度不少于 20 年。

（2）湖泊形态分析法

此湖泊最低生态水位定义为：维持湖水和地形子系统功能不出现严重退化所需要的最低水位。

湖泊最低生态水位用下式表达：

$$F = f(Z) \qquad (4\text{-}12)$$

$$\frac{\partial^2 F}{\partial Z^2} = 0 \qquad (4\text{-}13)$$

$$(Z\min - a_1) \leqslant Z \leqslant (Z\min + b_1) \qquad (4\text{-}14)$$

式中：F 为湖泊水面面积（m^2），Z 为湖泊水位（m），$Z\min$ 为湖泊天然状况下多年最低水位（m）；a_1 和 b_1 分别为和湖泊水位变幅相比较小的一个正数（m）。

湖泊形态分析法的优点是只需要湖泊水位、水面面积关系资料，不需要详细的物种和生境关系数据，数据相对容易获得。其缺点是体现不出季节变化因素，但它能为其他方法提供水力学依据，所以可与其他方法相结合使用。

湖泊水位和 $\mathrm{d}F/\mathrm{d}Z$ 概化图（见图 4-2）随着湖泊水位的降低，湖泊面积随之减少。由于湖泊水位和面积之间为非线性的关系。当水位不同时，湖泊水位每减少一个单位，湖面面积的减少量是不同的。在 $\mathrm{d}F/\mathrm{d}Z$ 和湖泊水位的关系上有一个最大值。最大值相应湖泊水位向下，湖泊水位每降低一个单位，湖泊水面面积的减少量将显著增加，也即，在此最大值向下，水位每降低一个单位，湖泊功能的减少量将显著增加。如果水位进一步减少，则每减少一个单位的水位，湖泊功能的损失量将显著增加，将是得不偿失的。湖泊水位和 $\mathrm{d}F/\mathrm{d}Z$ 可能存在多个最大值。由于湖泊最低生态水位是湖泊枯水期的低水位。因此，在湖泊枯水期低水位附近的最大值相应水位为湖泊最低生态水位。如果湖泊水位和 $\mathrm{d}F/\mathrm{d}Z$ 关系线没有最大值，则不能使用本方法。

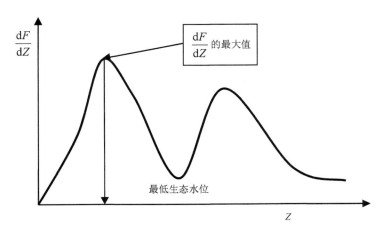

图 4-2　湖泊水位和湖泊面积变化率关系概化示意图

（3）最小生物空间法

湖泊水生态系统主要包括藻类、浮游植物、浮游动物、大型水生植物、底栖动物和鱼类等生物。湖泊水位是和湖泊生物生存空间一一对应的，因此，用湖泊水位作为湖泊生物生存空间的指标。湖泊植物、鱼类等为维持各自群落不严重衰退均需要一个最低生态水位。取这些最低生态水位的最大值，即为湖泊最低生态水位。现阶段无法将每类生物最低生态水位全部确定，因此需要选用湖泊关键生物。一般情况下，鱼类是水生态系统中的顶级群落，是大多数情况下的渔获对象。作为顶级群落，鱼类对其他类群的存在和丰度有着重要作用。鱼类对河流生态系统具有特殊作用，加之鱼类对生存空间最为敏感，故将鱼类作为关键物种和指示生物。认为鱼类的生存空间得到满足，其他生物的最小生存空间也得到满足。

湖泊最低生态水位计算如公式（4-15）：

$$Ze\min_{鱼}=Z_0+h_{鱼} \tag{4-15}$$

式中：Z_0 为湖底高程（m）；$h_{鱼}$ 为鱼类生存所需的最小水深（m），$h_{鱼}$ 可以根据实验资料或经验确定。

该方法属于只需要湖泊鱼类生存所需最小水深、湖底高程，计算简单，便于操作；其缺点是体现不出季节变化因素，生物学依据不够可靠。

4.1.3 河口生态需水确定技术

1. 概述

河口生态系统受陆海间的交互作用，具有淡、盐水混合与营养物富集等独特的环境特征和调蓄洪水与维护生物多样性等重要的生态服务功能。河口生态需水是同时满足水盐平衡、水沙平衡、海岸线进退相对平衡和动植物生境动态平衡所需的水量。

2. 技术与方法

河口生态需水包括水循环消耗、生物循环消耗与河口生物栖息地需水量三大类。

（1）水循环消耗需水量

河口生态系统水循环消耗需水量（F_a）包括保持河口地区蒸发消耗需水量（F_{a1}）和维持土壤含水量（F_{a2}）两方面。其中蒸发消耗需水量的计算考虑了水面、植被蒸发消耗扣除研究区降水量补充后的欠缺部分。

河口生态系统水循环消耗需水量计算公式为：

$$F_{a1} = EA_{water} + \alpha EA_{plant} - PA_{total} \qquad (4-16)$$

式中：F_{a1} 为河口蒸发消耗需水量（10^8m^3）；E 为河口地区多年平均蒸发量（mm）；A_{water} 为河口水域面积（km^2）；参数 α 为植被蒸散发百分比；A_{plant} 为河口植被面积（km^2），其中主要包括林地、草地及苇地等；P 为河口地区多年平均降雨量（mm）；A_{total} 为河口区域总面积（km^2）。土壤需水量以保持土壤不同等级的含水量作为参考，采用下式计算：

$$F_{a2} = \gamma HA_s \qquad (4-17)$$

式中：F_{a2} 为土壤含水需水量；γ 为田间持水量或饱和持水量百分比；H 为土壤厚度；A_s 为土壤面积。土壤需水量的等级划分以土壤面积及其含水量作为指标。

（2）生物循环消耗需水量

生物循环对水量的要求体现在两个方面：生物体含水量和生物栖息地需水量。其中生物含水量在需水总量中的比重相对较少，生物循环消耗需水量（F_b）以不同生物含水量及生物量为基础计算。生物循环消耗需水量计算公式如下：

$$F_b = \sum_{i=1}^{m} F_{bi} = \sum_{i=1}^{m} \beta_i W_i A_B \qquad (4\text{-}18)$$

式中：F_{bi} 为第 i 种生物种群需水量（10^8m^3）；m 为生物种群类型数；β 为生物自身含水量（%）；W 为生物量（kg/km^2）；A_B 为生物分布面积（km^2）。根据生物分布面积 A_B 及生物量 W 的不同，可将生物种群需水量确定为不同等级。计算中可将生物种群划分为初级生产者、次级生产者及较高营养级 3 部分。其中初级生产力主要包括高等水生植物和浮游植物，高等水生植物含水量约为其生物量的 60%，浮游植物的含水量为 90%；河口地区次级生产者以浮游动物为代表，其含水量为 80%；河口地区中底栖动物及游泳鱼类属于系统中较高营养级，底栖动物及鱼类含水量约为 70%。

（3）河口生物栖息地需水量

河口生物栖息地主要包括河口地区淡水湿地以及河道径流与潮流的混合区两部分，包含维持河口淡水湿地规模、盐度平衡及泥沙输运等三种不同功能的需水量的计算。

1）河口淡水湿地需水量

河口淡水湿地广阔，相对平静的水域使其成为重要的生物迁徙、越冬及繁衍栖息地。计算河口地区淡水湿地需水量时，应以保持必要的淡水湿地水面面积及水深为目标，计算式如下：

$$F_w = \theta\mu A_w H \tag{4-19}$$

式中：θ 为湿地水面面积占湿地面积的百分比，θ 随不同区域和湿地类型而不同；μ 为河口淡水湿地水体置换频率，$\mu = 0$ 表示计算只考虑河口淡水湿地蒸发消耗需水量，不考虑湿地水体置换，对于一般由洪水期补充水量的河口湿地，$\mu = 1$；A_w 为湿地面积（km^2）；H 为湿地平均水深（m）。

2）河口盐度平衡需水量

河口生态系统的基本特点在于淡水、咸水的混和，因此计算时应强调保持一定规模的淡水输入，以实现河口系统水体盐度平衡。一般采用箱式模型建立河道流量与河口盐度的相关联系，河口盐度平衡方程式如下：

$$\mathrm{d}s/\mathrm{d}t = (\Delta Q \cdot S_0 + \Delta V_{k1} \cdot S_{sea} - \Delta V_{1k} \cdot S_{estuary})/V_1 \tag{4-20}$$

式中：s 为瞬时盐度；Q 为河口输入淡水量，ΔQ 即表示计算期内河道淡水输入量；S_0 为河道径流盐度；$S_{estuary}$ 为前一时间步河口水体盐度；S_{sea} 为河口以外海洋水体盐度；V_1 为河口水体体积；V_{k1} 为海洋流向河口的水体体积；V_{1k} 为河口流向海洋的水体体积；V_{k1} 和 V_{1k} 分别为所计算时段内从海洋流向河口以及从河口流向海洋的流量，代表了河口与海洋之间的水循环状况。

在一定时间内水体盐度变化为零，则有 $\mathrm{d}s/\mathrm{d}t = 0$，同时假设河口输入淡水盐度 $S_0 = 0$，一定时段内河口水体体积不变（$\Delta V_{1k} = \Delta V_{k1} + \Delta Q$），将公式 4-20 变化为：

$$(\Delta V_{1k} - \Delta Q)S_{sea} = \Delta V_{1k} S_{estuary} \tag{4-21}$$

当河口水体交换量等于河口水体体积时（$\Delta V_{1k} = V_{estuary}$），可得出一定河口盐度目标条件（$S_{estuary}$）下的河道淡水输入量（$\Delta Q$），即盐度平衡需水量：

$$F_f = \Delta Q = \Delta V_{1k}(S_{sea} - S_{estuary})/S_{sea} = \lambda V_{estuary} \tag{4-22}$$

式中：$\lambda = (S_{sea} - S_{estuary})/S_{sea}$，其中外海盐度 S_{sea} 假定为恒定值；$V_{estuary}$ 为河口外海滨水体体积，可采用下式计算：

$$V_{estuary} = A_0 H/3 \tag{4-23}$$

式中：A_0 从为河流近口段（0 潮界）至口外海滨段的咸淡水交界的水域面积。三角洲河口以水下三角洲为边界，三角湾型河口以河口湾出口为外边界，H 为河口外边界处平均水深。

河口盐度平衡需水量的两种极值情况为：$\lambda=0$ 表示河口无淡水入海，河口盐度与外海盐度相同（$S_{sea} = S_{estuary}$），口外海滨完全由海洋咸水控制；$\lambda=1$ 表示河口完全由河道径流控制（$S_{estuary} = 0$），这两种情况下，河口淡水、盐水混合特征消失。

3）泥沙输运需水量

河口泥沙输运需水量依据基本的水流挟沙能力概念计算，即：

$$F_s = Q_i / C_i \tag{4-24}$$

式中：F_s 为泥沙输运需水量（$10^8 m^3$）；Q_i 为泥沙年淤积量（t）；C_i 为水流挟沙能力（kg/m^3），一般采用断面平均饱和含沙量表示。水流挟沙能力与有效流速、泥沙沉速及粒径相关，在一定泥沙淤积条件下，最大的含沙量将对应最小的泥沙输运需水量。计算泥沙输运需水量时可根据不同河口实际情况对参数做出相应的选择。

4.1.4 植被生态需水确定技术

植被生态需水是满足植被正常健康生长并能够抑制土地生态系统恶化如土地沙化、荒漠化及水土流失所需要的水资源量。植被生态需水不仅包括维持陆地林木植被、草场植被，还应包括维持农田人工生态系统良好发展所需的最小水资源量。主要包括：直接计算法、间接计算法、水量平衡法以及遥感法。

◆ 4.1.4.1 直接计算法

1. 概述

直接计算法以某一地区某一类型植被的面积乘以其生态需水定额计算得到该种植被的生态需水量，该地区各种植被生态需水量之和即为该地区生态需水总量。直接计算法简单方便，是目前最为常用的方法，适用于基础工作较好的地区与植被类型，如防风固沙林、人工绿洲以及农田系统等人工植被的生态需水量的计算。

2. 技术与方法

该法计算公式如下：

$$W = \sum_{i=1}^{n} W_i = \sum_{i=1}^{n} A_i r_i \qquad (4-25)$$

式中：W 为植被生态需水总量；W_i 为植被类型 i 的生态需水量；A_i 为植被类型 i 的面积；r_i 为植被类型 i 的生态需水定额；n 为植被类型数目。

不同植被生态需水定额的确定主要有两种方法：一是根据前人实际测定的不同植物类型蒸散量以及灌溉用水量，并结合不同地区的植被系数来确定不同植物类型的生态需水定额；二是结合影响因子计算植被的蒸散量。一般采用下式计算：

$$r = K_s K_c P_E \qquad (4-26)$$

式中：P_E 为由气候条件决定的潜在蒸散量，通常由 Penman 公式计算；K_s 为土壤水分修正系数，与土壤质地及土壤含水量有关；K_c 为植物系数，与植物种类和生长状况有关，常通过试验取得。当 $S_w \leqslant S \leqslant S*$ 时，

$$K_s = \ln[(S - S_\omega)(S* - S_\omega) \times 100 + 1] / \ln 101 \qquad (4-27)$$

式中：S 为土壤实际含水量；S_ω 为土壤凋萎含水量；$S*$ 为土壤临界含水量。

◆ **4.1.4.2 间接计算法**

1. 概述

间接计算法根据潜水蒸发量的计算来间接计算生态需水量，即某一植被类型在某一地下水位的面积乘以该地下水位的潜水蒸发量与植被系数，得到该面积下该植被的生态需水量。各种植被生态需水量之和即为该地区植被生态需水总量。该法主要适用于干旱区依赖地下水生存的天然植被生态需水量的计算。

2. 技术与方法

该法计算公式为：

$$W = \sum_{i=1}^{n} W_i = \sum_{i=1}^{n} A_i W_{g_i} K \qquad （4-28）$$

$$W_{g_i} = a(1 - h_i / h_{\max})^b E_{601} \qquad （4-29）$$

式中：W 为植被生态需水总量；W_i 为植被类型 i 的生态需水量；A_i 为植被类型 i 的面积；n 为植被类型数目；W_{g_i} 为植被类型 i 所处某一地下水位埋深时的潜水蒸发量；K 为植被系数，是有植被地段的潜水蒸发量除以无植被地段的潜水蒸发量，常由实验确定；a, b 为经验系数；h_i 为地下水位的埋深；$h_{\max}$ 为潜水蒸发极限埋深；E_{601} 为 601 型蒸发皿水面蒸发量。

◆ 4.1.4.3 水量平衡法

1. 概述

植被生态系统可视为植被—土壤综合系统，故可对该系统列水量平衡方程，求出一个时段植被的蒸散量，用植被蒸散量加上时段末土壤含水量即为此时段植被生态需水量。

2. 技术与方法

在无人为干扰的情况下，植被—土壤系统的水量平衡关系可表示为：

$$E_t = (P + C) - (R + D) - (W_{t+1} - W_t) \qquad （4-30）$$

式中：E_t 为 t 到 $t+1$ 时段植被蒸散量；P 为降雨量；C 为地下水补给量；R 为地表径流量；D 为土壤水渗漏量；W_t 为 t 时刻土壤含水量；W_{t+1} 为 $t+1$ 时刻土壤含水量。以上各量单位均为 mm。其中在地下水埋深较大时，C 和 P 忽略不计。

由于土壤含水量的实测资料只能代表点的情况，故通常用以下两种方法间接表示土壤含水量：一是前期影响雨量 P_a；二是流域的蓄水量 W。其中 P_a 的计算公式如下：

$$P_{a,t+1} = K(P_{a,t} + P_t - R_t) \qquad （4-31）$$

$$K = 1 - \frac{EM}{WM} \qquad （4-32）$$

式中：$P_{a,t}$ 为第 t 日的前期影响雨量（mm）；$P_{a,t+1}$ 为第 $t+1$ 日的前期影响雨量（mm）；K 为土壤含水量的日消退系数或折减系数；P_t、R_t 分别为 t 时刻的降雨量和径流量；EM 为流域日蒸散发能力；WM 为流域最大蓄水量。

在确定 P_a 的起始值时，一般若前期较长一段时间没雨，则令 $P_a=0$；若在一场或几场大雨之后，可令 $P_a=WM$，具体计算时可令 W_t 或 $W_{t+1}=P_a$。

◆ 4.1.4.4　遥感法

1. 概述

利用遥感和地理信息系统技术对研究区域进行生态分区，在空间上反映出生态需水的分异规律，确定各级生态分区的面积；然后根据实测资料计算不同植被群落、不同盖度、不同地下水位埋深的植物蒸腾和潜水蒸发，从而求出该区的生态需水量。

2. 技术与方法

计算公式如下：

$$Q = \sum_i Q_i \tag{4-33}$$

$$Q_i = Q_{i1}Q_{i2} \tag{4-34}$$

$$Q_{i1} = \sum_j \sum_k A_{ijk} \max(ET_i, EV_k) \tag{4-35}$$

$$Q_{i2} = \sum_j \sum_k B_{ijk} EV_k \tag{4-36}$$

$$A_{ijk} = \omega_{ijk} p_{ij} A_{ij} \tag{4-37}$$

$$B_{ijk} = \omega_{ijk}(1 - p_{ij}) A_{ij} \tag{4-38}$$

$$\omega_{ijk} = \int_{x_1}^{x_2} f_i(x) \mathrm{d}x \tag{4-39}$$

式中：Q 为区域总需水量；Q_i 为植被类型 i 的生态需水量；Q_{i1} 为植被类型 i 的植株蒸腾量；Q_{i2} 为植被类型 i 的棵间潜水蒸发量；ET_i 为植被类型 i 的实际蒸散量；EV_k 为地下水位处的潜水蒸发量；p_{ij} 为植被类型 i（$i=1,2,\cdots$）的第 j（$j=1,2,\cdots$）种盖度所占百分数；A_{ij} 为植被类型 i 第 j 种盖度的面积；ω_{ijk} 为植被类型 i 第 j 种盖度在地下水位 k 处的概率；A_{ijk} 为植被类型 i 第 j 种盖度在地

下水位 k 处的植被覆盖面积；B_{ijk} 为植被类型 i 第 j 种盖度在地下水位 k 处的棵间面积；$f_i(x)$ 为植被类型 i 在该区呈对数正态分布的概率密度函数。

4.1.5 湿地生态需水确定技术

1. 概述

湿地是指天然或人工、长久或暂时的沼泽地、泥炭地或流动和静止的淡水、半咸水、咸水体，包括低潮时水深不超过 6m 的水域，是地球上一种具有多种功能和效益的独特生态系统，有"地球之肾"之称。湿地一般包括河流湿地、湖泊湿地、海岸湿地、河口海湾湿地、沼泽草甸湿地等，被誉为地球之肾的湿地在生物多样性保护和合理利用方面一直受到世人的关注。为合理利用和保护湿地及生物多样性，实现区域的可持续发展，对其敏感因子——水有必要进行量化分析和研究，湿地生态环境需水量可以分为湿地生态需水量和湿地环境需水量两部分。

广义的湿地生态需水量就是指湿地为维持自身发展过程和保护生物多样性所需要的水量；狭义的湿地生态需水量是指湿地每年用于生态消耗而需要补充的水量，主要是补充生态系统蒸散需要的水量。

广义的湿地环境需水量是指湿地支持和保护自然生态系统与生态过程、支持和保护人类活动与生命财产以及改善环境而需要的水量；狭义的湿地环境需水量是指湿地每年用于环境消耗而需要补充的水量，即补充湿地每年用于环境消耗而需要补充的水量，即补充湿地每年渗漏、防止盐水入侵及补给地下水漏斗、防止岸线侵蚀及河口生态环境需要的水量。

本书认为，从实用和可测算的角度出发，对于湿地研究应该立足于其狭义的生态需水，由于生态需水和环境需水概念的一致性应将其合并处理，湿地生态环境需水量计算应该包括维持一定水面的蒸发、渗漏需水、湿地生物及栖息地需水、湿地环境净化需水等。

2. 技术与方法

从实用和可测算的角度出发,对于湿地研究应该立足于其狭义的生态需水,湿地生态环境需水量计算应该包括维持一定水面的蒸发、渗漏需水、湿地生物及栖息地需水、湿地环境净化需水等。在此,我们将湿地生态需水量分为植物需水量、土壤需水量、生物栖息地需水量和维持一定湿地面积蒸发、渗漏损失需水量及净化污染物需水量等。

（1）湿地植物需水量

湿地植物的正常生长所需要的水分就是植物需水量。其中蒸腾耗水和土壤蒸发是最主要的耗水项目,占植物需水量的 99%。因而把植物需水量近似理解为植物叶面蒸腾和棵间土壤蒸发的水量之和,称为蒸散发量。在正常生育状况下常采用彭曼公式计算植物实际蒸散发量。湿地植物需水量可表示为:

$$W_p(t) = \int_0^t \sum_{i=1}^n A_i \cdot ET_i dt \qquad (4\text{-}40)$$

式中：$W_p(t)$ 为湿地植物需水量；A_i 为各类植被分布面积；t 为计算时间段；ET_i 为第 i 类植被年平均蒸散发量（mm）,可通过实验或下式确定,

$$ET_i = k_i(ET_0) \qquad (4\text{-}41)$$

式中：k_i 为第 i 种植物系数；ET_0 为参考植物蒸散量（mm）,其值与气象因素有关,ET_0 可采用国际粮农组织（FAO）推荐的彭曼-蒙蒂斯（Penman-Monteith）方法计算。

（2）湿地土壤需水量

湿地土壤需水量与植物生长及其需水量密切相关。在一定的时空尺度内,土壤中具有一定的含水量,但土壤中的含水量并不能代表土壤的需水量,因此,土壤含水量不是解决土壤需水量的办法,但却是一个参照。不同的湿地土壤,持水量、含水量和水特性不同,需水量就会有差异,通常根据研究的需要,按照前述湿地生态环境需水量阈值特征,或用田间持水量或用饱和持水量参数进

行计算，公式为：

$$W_t = \int_0^t \alpha \cdot \gamma \cdot H_t \cdot A_t \mathrm{d}t \qquad (4\text{-}42)$$

式中：W_t 为土壤需水量；α 为田间持水量或饱和持水量百分比，根据研究的土壤类型而定；γ 为土壤容重；H_t 为土壤厚度；A_t 为湿地土壤面积；t 为计算时间段。

（3）野生生物栖息地需水量

野生生物栖息地需水量是鱼类、鸟类等栖息、繁殖需要的基本水量。计算原理（杨志峰，2003）是：以湿地的不同类型为基础，找出关键保护物种，如鱼类或鸟类，根据正常年份鸟类或鱼类在该区栖息、繁殖的范围计算其正常水量，为避免与湿地土壤需水量的重复，这里只计算地表以上低洼地的需水量（满足野生动物栖息、繁殖的水量）。公式为：

$$W_q = \int_0^t A_t \cdot C \cdot H_t \mathrm{d}t \qquad (4\text{-}43)$$

式中：W_q 为生物栖息地需水量；A_t 为湿地的面积；C 为水面面积百分比；H_t 为水深；t 为计算时间段。

（4）维持一定湿地面积蒸发、渗漏损失需水量

对于大面积水体来说，水面蒸发是水量消耗的重要方式之一，如果水体得不到足够的水量补充，会使水位逐渐下降，湖泊湿地逐年退化，丧失其应有的功能，生态环境将遭到严重破坏。因此为维持湖泊湿地自身生态功能，应维持一部分水量，用于弥补水面蒸发的消耗。当水面蒸发高于降水时，为维持湿地面积就需要对湿地进行一定量的补水，我们将这部分需水称为蒸发生态需水量，对于此部分生态环境需水量的确定，应首先调查、测量水面面积，分析典型年的逐日水面水分蒸发深度，计算水体的蒸发水量，再扣除降雨量后，即为该水体的净蒸发水量。表示如下：

$$W_z = \int_0^t (H_t \cdot A_t - P_t) \mathrm{d}t \qquad (4\text{-}44)$$

式中：W_z 为计算时段内水体的净蒸发损失量（m³）；H_t 为计算时段内水面蒸发深度（m）；A_t 为计算时段内水体平均蓄水水面面积（m²）；P_t 为计算时段内降雨量（m），t 为计算时间段。

同样，为维持湿地一定面积，就必须考虑其渗漏水量，将此部分需水称为渗漏生态需水量。表示如下：

$$W_s = \int_0^t K \cdot I_t \cdot A_t \mathrm{d}t \tag{4-45}$$

式中：W_s 为计算时段内水体的渗漏损失量（m³）；K 为土壤渗透系数；I_t 为湖泊湿地渗流坡度（无量纲）；A_t 为计算时段内水体渗漏面积（m²）；t 为计算时间段。

（5）景观保护与建设需水量

有些湿地具有独特的自然风光和人文情怀，为使得这种功能持续存在，需要研究这些湿地的景观保护与建设需水量。随着人类文明进步，生活质量提高，这部分需水的地位越来越重要，主要包括：

1）保持水体调节气候、美化景观等功能自然蒸发量；

2）维持景观功能的新鲜水补充量等。此项需水量的计算，应根据研究区生态环境的特点，确定植被类型、缓冲带面积和景观保护与规划目标相关指标，进而计算其需水量。

4.1.6　城市生态需水量

1．概述

城市生态需水量是指为了维持城市生态环境质量不再下降或改善城市环境而人为补充的水量，它是以改善城市环境为目的。主要应包括风景观赏河道用水、公园湖泊用水以及城市绿化与园林建设用水。按照需水主体，城市生态环境需水可分为绿地、城市河流、湖泊湿地等生态环境需水，理想的城市水生态环境应具有良好的水质、足够的水量和宽阔的水面。

2．技术与方法

按照需水主体，城市生态环境需水可分为绿地、城市河流、湖泊湿地等生态环境需水，下面对城市绿地和城市河湖生态需水分别进行计算。

（1）绿地需水量

城市绿地有园林、道路绿化带、河岸生态林、风景区林地等。绿地需水量包括绿地植被蒸散需水量、植被生长需水量、维持植被生长的最小土壤含水量。各组成部分的计算方法如下：

1）绿地植被蒸散需水量

$$W_1 = \int_0^t A \cdot \eta \cdot E_p \mathrm{d}t \qquad (4\text{-}46)$$

式中：W_1 为植被蒸散需水量；A 为市区面积，包括城区和郊区面积，不包括县的面积；η 为不包含水面的城市绿化覆盖率（%）；E_p 为植物蒸散量。由于不同植被的蒸散量不同，精确计算时可根据城市主要绿化植被类型所占面积及蒸散量分别求需水量后，再求总和。

2）植被生长制造有机物需水量

$$W_p = W_1 / 99 \qquad (4\text{-}47)$$

式中：W_p 为植物制造有机物需水量。

3）土壤含水量

$$W_s = A \cdot \alpha \cdot h_s \cdot \rho_s \cdot \xi \qquad (4\text{-}48)$$

式中：W_s 为土壤含水量（$10^8 \mathrm{m}^3$）；α 为植被覆盖土壤系数；h_s 为土壤深度，取 1.5m；ρ_s 为土壤容重，取 1.6g/cm^3；ξ 为土壤最小含水系数；土壤田间持水量一般在 24%～34%，本计算取田间持水量的 30%作为绿地土壤最小含水系数。

城市绿地需水量还可以直接采用定额法进行计算，即按下式计算：

$$W_1 = \int_0^t q_1 \cdot A_1 \mathrm{d}t \qquad (4\text{-}49)$$

式中：W_1 为绿地生态用水量；q_1 为绿地生态用水定额；A_1 为绿地面积，可直接采用统计数据。

（2）城市河湖生态需水

城市河流和湖泊需水量是指维持城市内河流基流和湖泊一定水面面积，满足景观条件及水上航运、保护生物多样性所需的水量。河湖生态环境需水量有水面蒸发需水、渗漏需水、基流需水、水体更新需水和污染物稀释净化需水等。

城市所要保持合适的河湖面积可以通过所谓水面生态效益法进行规划，该方法主要是从水体对城市"热岛效应"的抑制调节作用角度来考虑水体水面的合适比例。根据物质的物理特性，水的比热值为 1，而干泥土或沙的比热为 0.2，因此，5 份干土地面造成的"热岛效应"需要 1 份水面来补偿，以此估算，为抵消"热岛效应"而需要的水面面积应占城市市区面积的 1/6 为宜。

1）水面蒸发需水量

为维持城市水体一定面积，就必须考虑蒸发消耗水量。计算公式为：

$$W_z = \int_0^t (H_t \cdot A_t - P_t) \mathrm{d}t \tag{4-50}$$

式中：W_z 为计算时段内水体的净蒸发损失量（m^3）；H_t 为计算时段内水面蒸发深度（m）；A_t 为计算时段内水体平均蓄水水面面积（m^2）；P_t 为计算时段内降雨量（m）；t 为计算时间段。

2）河湖渗漏需水

为维持城市水体一定面积，就必须考虑其渗漏水量，将此部分需水称为渗漏生态需水量。表示如下：

$$W_s = \int_0^t K \cdot I_t \cdot A_t \mathrm{d}t \tag{4-51}$$

式中：W_s 为计算时段内水体的渗漏损失量（m^3）；K 为土壤渗透系数；I_t 为渗流坡度（无量纲）；A_t 为计算时段内水体渗漏面积（m^2）；t 为计算时间段。

3）水体更新需水量

由于城市湖泊水体滞留时间过长将造成许多环境问题，所以需要进行人工换水。而人工换水（水体更新）量的确定取决于水体总水量和水体交换周期的确定。在水体交换更替的研究中，F·B·沃洛巴耶夫和 A·B·阿瓦克扬提出的水量交换持续时间及根据来水量、泄流量或两种量的综合值计算的水交换指标。其定义是表示水量在某水体的平均滞留时间。它的计算公式为：

$$d = \frac{s}{\Delta s} \tag{4-52}$$

式中：d 为水体交换周期；s 为某一水体的容量；Δs 为该项水资源参与水平衡的活动量（单位：m^3 或 km^3/日、月或年）。

如果系统的入流和出流不相等，则交换周期可用下式计算：

$$d = \frac{\alpha W}{I(t) + Q(t)} \tag{4-53}$$

式中：$I(t)$ 为系统入流；$Q(t)$ 为系统出流；W 为水体蓄水量；α 是系数。如果 $I(t) = Q(t)$ 时，$\alpha = 2$。

进一步细化可得到地表某水体的交换周期公式：

$$d = \frac{\alpha W}{P + Q_入 + Q_出 + S + E} \tag{4-54}$$

式中：$Q_入$ 为入流；$Q_出$ 为出流；S 是下渗；P 为降水；E 为蒸发；W 为地表水蓄量；α 是系数。

根据上述公式可以导出城市湖泊水体更新的需水量计算公式为：

$$Q_入 = \frac{\alpha}{d} W - (P + Q_出 + S + F + E) \tag{4-55}$$

从上式可以看出，城市湖泊水体更新需要的水量取决于更新周期、水体需水量、水体下渗、蒸发、出流以及系数 α （在考虑出流和入流相等的情况下，$\alpha = 2$）。

上式的水体交换周期是用 d 值概化整个更新时间，而未考虑水体的蓄变过程，城市湖泊相当于水库，具有蓄水功能，对其水体交换用上述方法计算是不确切的。在考虑湖泊入流和出流的条件下，水体交换周期可用下式表示：

$$t = \ln(1 - \beta)d \tag{4-56}$$

式中：t 为水体蓄变情况下水体交换更新周期；d 同（4-52）式；β 为水交换特

征系数，其计算公式为：

$$\beta = \frac{\int_0^t q_t \mathrm{d}t}{W_0} \tag{4-57}$$

式中：q_t 为单位时间里湖泊消耗的前期水量；W_0 为湖泊的初始蓄水量。因此 β 的意义为湖泊前期水量的累计出流与初始蓄水量之比。湖泊前期水量的累计出流在时间上可以是月、年或多年，因此水体交换周期可以是月、年或多年等不同时间尺度。

将式（4-57）代入式（4-56）可得：

$$t = \ln\left(1 - \frac{\int_0^t q_t \mathrm{d}t}{W_0}\right)\left(\frac{\alpha W}{P + Q_入 + Q_出 + S + E}\right) \tag{4-58}$$

对（4-58）式进行处理可得到：

$$Q_入 = \frac{\alpha W}{t}\ln\left(1 - \frac{\int_0^t q_t \mathrm{d}t}{W_0}\right) - (P + Q_出 + S + E) \tag{4-59}$$

假定城市湖泊换水时出流等于入流，则取 $\alpha = 2$，这时式（4-59）变为：

$$Q_入 = \frac{W}{t}\ln\left(1 - \frac{\int_0^t q_t \mathrm{d}t}{W_0}\right) - \frac{1}{2}(P + S + E) \tag{4-60}$$

式（4-60）便是城市湖泊水体更新需要的新鲜水量计算公式。公式中除 t 外，各参数都可以获得，而 t 是每进行一次城市湖泊换水所需要持续的天数，可以由相关部门的规划而来，可以人为控制。一次换水量与每年进行换水的次数的乘积便是城市湖泊换水的年需要量。

值得说明的是，城市湖泊水体的更新水量指的是对湖泊水体按照一定换水周期进行更新所需要用的新鲜水量，而这些水量不代表湖泊将要消耗掉，因为湖泊在具有入流的情况下同样也存在着出流。还值得注意的是，城市湖泊换水量的计算考虑了蒸发、渗漏量，这可能会与其他需水量计算存在重复量，在具体计算时要注意区分。

4）河道基流

城市河道基流需水量是保持河流一定流速和流量所需的水量,计算公式为:

$$W_j = \int_0^t A_d \cdot v \mathrm{d}t \qquad (4\text{-}61)$$

式中:W_j 为计算时间段内城市河道基流需水量;A_d 为河道平均断面面积;v 为流速。

5）河道输水损失量

河道输水损失量包含在了城市河湖水面蒸发量和城市河湖渗漏损失水量里面,由于城市河道一般都有较好的衬砌,所以河道对两岸浸润带的补水相当有限,可以忽略不计。

6）污染物稀释需水

对于城市河道而言,指望其对城市排污进行稀释净化是不现实的,一方面是因为一般城市河湖的纳污能力有限,另一方面如果强调城市河湖稀释污水将造成清洁水资源的大量浪费。但是,在某些河段也有可能存在稀释污染物的需水,可通过下式计算:

$$W_r = \int_0^t \alpha Q_d(t)\mathrm{d}t \qquad (4\text{-}62)$$

式中:t 为时间;$Q_d(t)$ 为点源污水排放量;α 为点源污水与非点源污水的稀释倍数,其计算要依据达标排放浓度和国家的有关标准而定。

4.2 生态调度技术

水利工程具有防洪、发电、灌溉、航运、供水等综合效益,对经济发展和社会进步起到巨大的推动作用,在通过调蓄洪水,抵御洪涝灾害对生态系统的冲击干扰,改善干旱与半干旱地区状况等方面也发挥有积极作用。广义的"生态调度"包括：在强调水利工程的经济效益与社会效益的同时，将生态效益提高到应有的位置；保护流域生态系统健康，对筑坝给河流带来的生态环境影响进行补偿；考虑河流水质的变化；以保证下游河道的生态环境需水量为准则等。狭义的"生态调度"可理解为：在实现防洪、发电、供水、灌溉、航运等社会经济目标的前提下，兼顾河流生态系统需求的调度方式。

4.2.1　河流生态需水调度

1．概述

河流生态需水调度需统筹考虑生态环境、防洪与兴利因素。河流上水利工程设施的建设改变了河流的自然水文情势，使得水文过程均一化。为了缓解由于水文过程均一化而导致的生态问题，可考虑改变水库的泄流方式，通过人工调度的方式模拟"人造洪水"，产生适宜于鱼类产卵的涨水过程，为水生生物繁殖、产卵和生长创造适宜的水力学条件，并且将有利于维持洪泛区的生态系统。该工作的基础是弄清水文过程与生态过程的相关性，建立相应的数学模型。

以满足河流生态流量为目的，生态流量按其功能的不同又有所不同，包括提供生物体自身的水量和生物体赖以生存的环境水量；维持河流冲沙输沙能力的水量；保持河流一定自净能力水量；防止河流断流和河道萎缩的水量。除此之外，还要综合考虑与河流连接的湖泊、湿地的基本功能需水量，考虑维持河口生态以及防止咸潮入侵所需的水量。分析计算重点河段的各种生态流量过程是水库生态调度的基础。河流的天然径流过程是在一定的范围内随机变化，现有的生态系统是根据河流天然径流变化的特征响应。河流生态流量可分为最小生态流量、适宜生态流量。河流生态需水量调度，就是通过调度使河流径流过程落在适宜生态流量过程区间上，不允许低于最小生态流量。

2．技术与方法

河流生态需水是水库生态调度的基础，河流生态需水确定后方能实施有效的生态调度、保护和改善河流生态环境、维护生态系统相对平衡、促进河流经济和社会效益及环境可持续发展。河流生态用水流量应根据维持多样性生物生存、稀释自净、调节气候和改善生态环境等基本生态功能的需水量确定，我国根据河流所处地区不同，采用最小河流生态用水流量不应小于多年平均流量的1/10 或 90%，95%保证率最枯月河流平均流量等计算方法。但处于不同时空范围内的河流生态需水量不尽相同，本节就河流生态需水量和模拟生态用水调度建立河流生态调度模型。

（1）目标函数

生态调度模型为：

$$E_w = \min \sum_{a=1}^{m} \sum_{i=1}^{n} (Q_{an} - Q_{as}) T_i \qquad (4\text{-}63)$$

$$E_d = \max \sum_{i=1}^{n} A Q_i H_i T_i \qquad (4\text{-}64)$$

式中：E_w 为总水量偏差；a 为生态、供水、灌溉、航运等 m 项用水量中的某一项；Q_{an} 为需水流量；Q_{as} 为供水流量；A 为计算时段；E_d 为调度期总的发电量；A 为机组综合出力系数；Q_i 为发电流量；H_i 为净水头。

有水量平衡约束条件：

$$V_{i+1} = V_i + (Q_{ri} - Q_{ci} - L_i - D_i) T_i \qquad (4\text{-}65)$$

式中：V_{i+1}、V_i 分别为第 $i+1$、第 i 时段的水库库容；Q_{ri}、Q_{ci} 分别为水库入库、下泄流量；L_i 为水库损失水量；D_i 为水库弃水量。

有下泄流量约束：

$$Q_{i\min} \leq Q_i \leq Q_{i\max} \qquad (4\text{-}66)$$

式中：$Q_{i\min}$ 为第 i 时段允许的最小下泄流量，不得低于下游河道在第 i 时段的最小环境需水量；$Q_{i\max}$ 为第 i 时段允许的最大下泄流量，受下游各种用水需求和水库泄流能力限制。

水库蓄水量约束为：

$$V_{i\min} \leq V_i \leq V_{i\max} \qquad (4\text{-}67)$$

式中：$V_{i\min}$ 为第 i 时段允许的水库最小库容，不得低于水库发电死库容；$V_{i\max}$ 为第 i 时段允许的水库最大库容，在非汛期不得高于水库正常库容，汛期不得高于水库的汛限库容。

电站出力约束为：

$$N_{i\min} \leqslant N_i \leqslant N_{i\max} \qquad (4\text{-}68)$$

式中：$N_{i\min}$ 为第 i 时段允许的发电最小出力；$N_{i\max}$ 为第 i 时段允许的发电最大出力，不得高于机组满发对应出力。

其他约束：包括水库泄流能力曲线约束，水库水位库容曲线约束、非负约束等。

（2）模型求解方法

水库生态调度模型为多目标优化模型，可采用分层序列法将多目标模型转化为单目标优化模型。防洪效益系社会效益，供水、发电、航运等为经济效益。为简化问题，本文针对水库发电最大为目标建立水库生态调度模型，采用微分动态规划法求解。

【实例】

黄南水库是一座以供水、灌溉为主，结合防洪、改善水生态环境，兼顾发电等综合利用的水利工程。坝址以上集水面积 207.80km^2，多年平均径流量 $2.19\times10^8\text{m}^3$，水库主汛期为梅汛期，水库校核洪水位 335.56m，水库总库容 $9196\times10^4\text{m}^3$；水库正常蓄水位 329.00m，正常库容 $7580\times10^4\text{m}^3$，死库容 $287\times10^4\text{m}^3$；防洪高水位 334.17m，防洪库容 $1710\times10^4\text{m}^3$；配套建设两个水电站，总装机容量 18MW。

该水库设计水平年向外流域东坞水库年调水 $4284\times10^4\text{m}^3$，以满足当地松古平原随社会经济发展对水资源的需求缺口，同时满足本流域下游大东坝镇的城乡生活及工业用水、灌溉用水；提高本流域下游乃至松阴溪干流的防洪能力。城乡优质（生活、工业）用水保证率 95%，灌溉保证率 90%，本流域生态环境用水保证率 90%。该水库在实现防洪、供水、发电功能的同时，需解决的生态环境问题包括维持河道景观和保持一定高程的河岸湿地。

拟定不同的水库生态调度方案：①不考虑下游河道生态需水。②维持水库下游一定的河道生态基流，使河道下游不断流，河道生态基流取多年平均流量的 10%。③弓桥（在水库坝址下游，距水库坝址约 5km）需要维持河道景观，保持一定的水面高程，弓桥断面需要河道生态基流 $1m^3/s$。④保护蛤湖（在水库坝址下游，距水库坝址约 15km）控制断面一定高程的河岸湿地。梅汛期（4 月 16 日～7 月 15 日）的最小水深 0.4m，最大水深 0.5m，台汛期（7 月 6 日～10 月 15 日）和非汛期（10 月 16 日～次年 4 月 15 日）最小水深 0.5m，最大水深 0.6m。

设计水平年兴建该水库与东坞水库联合调度水量供需平衡采用如下原则计算：

（1）采用 1962－2007 年共 46 年长系列逐日径流过程进行调节计算。

（2）为满足下游河道生态环境用水，泄放生态流量采用如下方案：①方案，水库按 $0.00m^3/s$ 向下游河道放水。②方案，水库按 $0.69m^3/s$ 放水。③方案，为满足水库下游弓桥处的河道景观，水库按 $1.00m^3/s$ 放水。④方案，为保护蛤湖控制断面一定高程的河岸湿地，水库梅汛期泄放生态流量在 $0.48～0.60m^3/s$ 之间，台汛期和非汛期泄放生态流量在 $0.60～1.41m^3/s$ 之间。

上述各方案当该水库有弃水或流域降雨大于需泄放生态流量时，水库可不放水。

（3）农田灌溉用水首先利用生态堰取用区间径流，不足部分由现状水库补充。

（4）松阴溪自西向东贯穿松古平原，将松古平原分为江南平原和江北平原，因江北平原蓄水工程相对较少，界首堰（位于松阴溪松古平原上游）拦水先供给江北平原灌溉，若拦水量有富裕，再供给江南平原灌溉用水。

（5）小港流域是松阴溪最大的一级支流，在小港流域上兴建该水库，通过隧洞引水至东坞水库（在松阴溪支流东坞源，目前向松古平原供水）可利用水头先发电后注入东坞水库，由东坞水库和该水库联合调度共同解决松古平原的城乡综合用水、松古平原规划工业园区的需水、松古平原设计水平年耕地的灌溉供水不足。该水库同时解决本流域水库坝址下游大东坝镇的用水需求。

（6）水库调度优先次序。城乡优质用水在第一级，河道生态需水在第二级，灌溉用水在第三级，发电用水在第四级。

通过 1962—2007 年长系列逐日计算分析得出不同水库生态调度方案对发电的影响。水库各生态调度方案中，方案①的多年平均发电量为基准方案。水库生态调度方案②、④的年发电量分别减少 7.58% 、9.27%，水库生态调度方案③的多年平均发电量减少最多，为 10.86%。若统筹考虑下游河道生态用水需求，则需采用方案③。总之，实施水库生态调度各种方案，对水库的兴利效益都会有不同程度的影响。

4.2.2　水库生态调度技术

1．概述

水库的建设改变了河流的自然水文情势，使得水文过程均一化而导致的生态问题，可考虑改变水库的泄流方式，方式模拟"人造洪水"，产生适宜于四大家鱼产卵的涨水过程。为了缓解由于通过人工调度的问题，为水生生物繁殖、产卵和生长创造适宜的水力学条件，并且将有利于维持洪泛区的生态系统。该工作的基础是弄清水文过程与生态过程的相关性，建立相应的数学模型。需要掌握水库建设前水文情势，包括流量丰枯变化形态、季节性洪水峰谷形态、洪水过程等因素对于鱼类和其他生物的产卵、育肥、生长、洄游等生命过程的关系。深入研究水库建成后由于水文情势变化产生的不利生态影响，还需要对采取不同的水库生态调度方式对生态过程的影响进行敏感度分析。

2. 技术与方法

多层次生态用水调度分析框架中的生态用水调度模型，是一个多目标水量优化调度模型。模型建立供水单元（河流、水库、闸坝等）以及用水单元（社会、生态等）的拓扑关系，模拟流域水资源循环利用关系，通过设置河流生态控制断面，以满足断面生态流量为目标之一，综合考虑社会经济和生态用水，优化得到考虑生态用水的调度方案。

运用生态用水调度模型分析流域生态用水调度方案，首先要根据流域社会经济条件、水资源条件、水利工程条件以及生态环境现状、保护目标，制定调度情景方案集。方案集由对多目标的不同价值偏好、经济需水方案、生态需水方案、不同工程条件以及不同水利工程调度规则组合而成。将水文系列与不同的情景方案输入到生态用水调度模型当中，形成不同的生态用水调度方案。根据调度方案评价指标，形成优选方案供决策者参考。

情景方案集中可设置洪水资源利用调度方案，主要通过设置不同的工程条件、不同的调度规则形成洪水资源利用调度边界情景。例如在现状工程条件添加规划水库，形成新的工程边界条件，作为广义的洪水资源利用，可分析新建水库对流域社会经济用水和生态用水的影响；此外，可以将水库或闸门的调度规则设置为洪水资源利用调度规则，如抬高汛限水位、分期控制汛限水位等，实现洪水生态一体化调度。

生态用水调度是以水资源综合利用效益最大化，要充分发挥水的多种功能。生态用水调度模型要考虑防洪、供水、生态、发电和航运等目标，模型的目标函数可以表示为：

$$E(x) = \max f(x)[E_{防洪}(x), E_{供水}(x), E_{生态}(x), E_{发电}(x), E_{航运}(x), \cdots] \quad (4\text{-}69)$$

式中：$E(x)$ 为水库综合利用效益；x 为决策向量；$E_{防洪}(x)$、$E_{供水}(x)$、$E_{生态}(x)$、$E_{发电}(x)$、$E_{航运}(x)$ 分别为流域防洪、供水、生态、发电和航运效益。这里实际上是将多目标问题转化为一个效用函数为目标的单目标问题，前提是存在一个效用函数并且可以用数学公式准确地表达出来,实际上大多数情况下,效用函数是很难准确地表达并且为人们所接受的。

水库的防洪涉及人类的生命财产安全,其损失难以估计,生态用水调度模型当中,可以将防洪问题直接转化为约束条件进行处理。但是其他目标仍然具有不可公度性,可对各目标进行标量化处理再设置特征权重系数优化得到不同的调度方案。

为方便决策者和分析者对比多目标在不同情景间的关系,最终选取理想的调度方案,需要建立方案的评价指标体系,对调度方案集进行比选。

生态用水调度中将防洪放在首要位置,航运等河道内生产需水可以在计算生态需水量时进行考虑。调度方案的主要评价指标包括社会经济缺水量、河流生态缺水量、发电量、平均缺少值百分比;辅助评价指标包括生态断面缺水量、生态断面历时保证率等指标。

(1)社会经济缺水量

调度后社会经济供水量与社会经济需水量的亏缺值,为不同分区各时间段缺水量之和,用来反映水资源在社会经济需水方面的供给情况。

(2)河流生态缺水量

河流生态缺水量可以由生态断面缺水量得到。生态断面缺水量是依据调度后的生态断面流量和生态需水量的年内过程确定,调度后的径流量小于生态需水量时,差值即为生态断面缺水量。河道时段生态缺水量等于该河道上各断面时段最大生态缺水量,将各时段的最大生态缺水量相加得到河道生态缺水量。无水力关系的河道生态缺水量相加可以得到整个流域的河道生态缺水量,以此来对比不同情景方案的河道生态缺水状况。

(3)发电量

优化调度后不同水电站不同时段的发电量总和,用来反映水资源在发电需求方面的供给情况。

（4）平均缺少值百分比 p

优化调度后各个量的缺少量与其目标量之间的比值，用来反映社会经济需水、生态需水、电站出力需水的满足程度和水资源在各个目标之间的分配关系。

$$p = \begin{cases} \dfrac{\displaystyle\sum_{i=1}^{N}\sum_{j=1}^{M}\dfrac{X_{ij}-x_{ij}}{X_{ij}}}{N \times M} \times 100\%, & x_{ij} < X_{ij} \\ 0, & x_{ij} \geqslant X_{ij} \end{cases} \quad (4\text{-}70)$$

式中：x_{ij} 为变量；X_{ij} 为变量 x_{ij} 的目标值；M 为计算时段；N 为需水单元。可选取时段发电目标值为装机容量；社会经济供水目标值为宏观经济水资源模型配置的需水指标。

（5）生态断面缺水量

生态断面缺水量。在河流生态缺水量中有所描述，此处不再赘述。

（6）生态断面历时保证率

生态断面历时保证率是指多年期间能够满足生态断面流量要求的历时（日、旬或月）占总历时的百分比，即

$$p = \frac{t}{T} \times 100\% \quad (4\text{-}71)$$

式中：t 为满足生态断面流量需求的历时（日、旬或月）；T 为总历时（日、旬或月）。

生态库容来源于生态用水调度，是为了满足河流生态目标对水量和水量过程的需求所对应的水库调节库容。生态库容与生态目标、水资源禀赋、水资源开发利用程度密切相关。

生态目标是指人们所期望维护一定水平的生态系统的组成、结构和功能，它取决于人类社会经济的发展水平以及对生态问题的科学认知水平。随着人们对生态系统质量期望值的提高，生态目标也将提升到一个更高的水平。因此，当地经济发展水平、人们对生态的价值评价对生态库容有着相当大的影响。

生态库容提供的是河道内生态用水，区别于河道外供水灌溉等用水，与发

电、航运等河道内用水可部分结合，只有当河道内的水量和水量过程低于生态目标要求时，才需要动用生态库容进行调节。在水资源丰富，且水资源开发利用程度较低的地方，河道内的水量和水量过程能够达到生态目标要求，河道内生态用水与河道外社会经济用水并不存在竞争关系，没有设置生态库容的必要；在水资源短缺，水资源开发利用程度较高的地方，河道内生态用水与河道外社会经济用水竞争关系明显，需要对生态用水与社会经济用水进行协调，从而确定适宜的生态库容。

现实情况中，水资源短缺，水资源开发利用程度较高，河流经常出现干涸断流的流域，可以设置永久生态库容进行生态用水调节，防止生态的进一步恶化，并逐步改善生态；河流生态遭到破坏频率不高的流域可在水库调度管理中增加河流生态用水调度预案，可称之为临时生态库容，当生态用水遭到破坏时，可动用临时生态库容进行生态用水调节。

生态库容与防洪兴利库容的关系：①设置目的。生态库容是为满足河流生态目标所需要的调节库容，体现的是水库对河流的一种生态补偿，从而充分发挥水资源的生态效益；兴利库容体现的是水库的兴利作用，发挥水资源及水能资源的经济效益；防洪库容体现的是水库的防洪减灾作用，减少洪水带来的灾害损失。②包容性、排斥性与可转换性。生态库容与兴利库容中为满足发电和航运需求而提供的非消耗性河道内用水的部分可以兼容；与兴利库容中为满足消耗性河道外用水的部分应分离；兴利库容与防洪库容可部分结合，在确保防洪安全的前提下，从控制下泄流量的角度，满足下游生态需求。因此，伴随着防洪、供水、生态形势的变化，水库库容的分配方案不能是一成不变的，可根据需求，在工程安全和防洪安全的前提下，对水库库容进行重新分配。在正常蓄水位和防洪限制水位都不变的情况下，生态库容只能从兴利库容中调配。

4.2.3 防治水污染调度技术

1．概述

防治水污染调度是为应对突发河流污染事故、防止水库水体富营养化与水华的发生、控制河口咸潮入侵而进行的水库调度。为防止水体的富营养化，可以考虑在一定时段内加大水库下泄量，降低坝前蓄水位，带动库区内水体的流动，使水体流速加大，破坏水体富营养化的条件，达到防止水体富营养化的目的。针对流域内水体的污染情况，对梯级水库群实施水污染防治的调度运用，一方面保证社会经济用水需求，一方面兼顾污染防治的目标。由于水库水质分布具有时间分布特征和竖向分层特征，因此，根据污染物入库的时间分布规律制订相应的泄水方案，通过水坝竖向分层泄水，能将底层氮、磷浓度较高的水排泄出去，利用坝下流量进行稀释，可以有效防治库区水污染，避免污染水量的聚集，通过稀释和降解作用减轻汛期泄洪造成的水污染。另外，为防止干流、支流的污水叠加，采取干支流水库群错峰调度，以缓解对下游河湖的污染影响。同时加强水质监测，及时进行信息反馈，以制定科学的泄水策略。

2．技术与方法

水污染应急调度中的水利工程运用，是指为减轻事件危害，通过水利工程对水资源进行时间和空间上的调度运用。水污染应急调度除需要考虑水污染事件应急处理外，还要考虑防汛、用水、抗旱、生态调度等，是一项涉及面广、技术复杂、程序要求严格的措施。

（1）"拦"水

主要通过水利工程的调度，关闭水利工程闸门或下降水利工程闸门，减少或阻断水污染发生河段上游水利工程下泄的清水流量，减缓污染带向下游推进的流速，为下游采取防治措施争取时间。

（2）"排"水

主要通过水利工程的调度，启动水污染发生河段上游水利工程闸门泄水或加大水污染发生河段上游水利工程的下泄流量，以稀释污染带、污染团或使其快速通过某一敏感水域。2005年松花江"11·03"重大水污染事件处置中加大丰满、尼尔基水利工程泄流，对稀释污染团、降低污染物浓度起到了积极作用。

（3）"引"水

引水实际也是一种调水，是通过调度某一水域的水到另一水域，以达到稀释污染、改善水质的目的。2007年无锡水污染事件中，太湖管理局通过实施大流量"引江济太"，紧急启用常熟水利枢纽泵站从长江应急调水，又与江苏省人民政府防汛抗旱指挥部、无锡市人民政府紧急会商，最大限度地加大望虞河引江入湖水量，长江引水量和入太湖水量均较大幅度增加。通过大流量"引江济太"，太湖水量得到了有效补给，太湖水位维持在较高水平，有效减轻了此次水污染事件造成的危害。

（4）"截"污或"引"污

从对水流的处置形式上讲，其实质是"拦"水或"引"水的特例，其差异在于"拦"水或"引"水一般是对"清"水的处置，"截"污是对污水团或严重污染水体的处置，是为防止下游重要水源的污染，针对一些毒性较大、难以处理及污染物浓度特高的污染团采取的一种应急处置方法。该方法主要是在有闸、坝控制的河道上，通过闸、坝的控制调节，对污水进行拦蓄，有计划排放或过坝溢流，自然复氧，可降解有机污染物，减轻水污染；或采取引流方式将污染团导引出流动水域，利用岸边有利之地将污染团缓存，然后进行处理。在2007年广西那蒙江水污染事件的处理过程中，就是采用拦蓄污水、控制排放和过坝溢流的方法，使污水慢慢下泄、自然稀释、自然降解、自然复氧、自然净化。

4.2.4　控制泥沙调度技术

1．概述

为减缓水库淤积，我国经过几十年的研究和实践，已经总结出行之有效的"蓄清排浑"的水库调度运行技术。"蓄清排浊"控制河床抬高或冲刷、保持一定的河势稳定，维持河流水沙平衡，延长水库寿命。目前，控制枢纽工程泥沙淤积的途经主要有 4 条：①治本：对上游进行水土保持，减少入库输沙量、含沙量；②复古：恢复早期径流利用率很低的季节性、汛期以后蓄水的方法；③延缓：以库容换取时间，使泥沙淤积问题尽量延缓到工程设计基准期以后的老化期；④排沙：利用水力排沙（或机械清淤），进行水库泥沙调度，保持调节库容，解决水库泥沙问题。

2．技术与方法

（1）调度水库运行水位排沙减淤

水库运行实践证明，泥沙在水库中呈三角洲淤积形态由库尾向坝前推进，终结达到有冲有淤动平衡。淤积过程中存在一个变化的州面淤积比降，最终达到平衡比降。该比降同水力因素、水流挟沙能力、泥沙粒径、水库形态等因素有关。三角洲洲头淤积高程和冲淤平衡比降在坝前的淤积高程，同控制淤积的运行水位有关。淤积洲面到正常蓄水位之间的库容，可供水库长期使用。泥沙工程师已经能够通过计算预测淤积比降和淤积量。关键在于怎样控制三角洲洲面淤积高程，即怎样控制水库运行水位，致使大量泥沙淤积在死库容内或排出库外，尽量减少调节库容内的淤积量。

河川中的泥沙主要出现在汛期。在中国一般是 6～9 月，占年输沙量的 90%左右。汛期入库泥沙是形成水库淤积的主体。研究早期季节性、汛后蓄水的水库，不难发现，在汛期大量泥沙入库使坝前水位很低，甚至接近天然状态，泥沙能被排往下游，水库淤积量很少。从而，汛期运行水位愈低，泥沙淤积愈少，经济效益愈低甚至全无；反之，汛期运行水位愈高，甚至蓄水至正常蓄水位运行，虽然增加了近期经济效益，但泥沙大量淤积，最终将完全丧失水库的调节作用，导致长期损失经济效益。

在此情况下，人们只能选择牺牲工程短期的、部分较小的经济效益，以换取长期的、总体较大的经济效益。要求泥沙淤积严重的水利水电工程，在进行径流调度、洪水调度的同时，进行泥沙调度。水库泥沙调度系指：为控制入库泥沙在库内的淤积部位和高程，达到排沙减淤目的所进行的水库运行水位调度。

（2）设置排沙水位降水排沙

具有多年、年、季或日周调节性能的水库，为排沙减淤需要，在汛期（除汛末）或汛期某时段，将运行水位控制在低于正常蓄水位的某高程，该水位称排沙水位。水库蓄水时间一般安排在汛末的9～10月。排沙水位是"水库在排沙期间允许蓄水的上限水位"。排沙水位可以高于、等于或低于死水位。对同一个水库，不同时期可以采用不同的排沙水位，取决于不同运行时间需要控制的淤积高程和淤积部位。设计中根据运行一定年限后需要保持的调节库容和解决的泥沙问题，以及因降低水位损失效益多少等综合因素，通过经济效益和方案比较，研究选择排沙水位高程。工程投产后，根据淤积发展，调整排沙水位。

对兼有防洪任务的水库，因防洪需要汛期运行水位也要降低到正常蓄水位以下，在设计排沙水位时两者统一研究，取同一高程，其名在中国称"汛期限制水位"。

（3）设置调沙库容不连续排沙

一是按分级流量控制库水位排沙。当河川输沙量非常集中，排沙时间可以缩短，以提高工程效益。根据工程上游的水情预报，当沙丰来临之际，降低水库水位排沙。为了便于管理，在设计和运行中根据河流水沙关系选择分级流量。当入库流量小于分级流量，水库在高水位运行，有意识地让部分泥沙淤积在库内，甚至在调节库容内淤积；当入库流量大于分级流量，水库水位降低至排沙水位运行，冲刷前期淤积在水库中的泥沙，连同将本期随洪峰入库的泥沙同时排入死库容或库外。高水位运行时让泥沙淤积，低水位运行时又利用洪水冲刷，腾空前期淤积的库容以供下期高水位运行时再淤积，这部分供淤积—冲刷—淤积—冲刷周而复始使用的库容，谓之调沙库容——"水库中供泥沙冲、淤调节使用的库容。"

二是敞泄排沙。敞泄排沙又称放空冲沙。它的运行特点是水库按径流调度，有意识地让泥沙在水库预留的调沙库容内淤积，选择洪水入库之际敞开全部泄水建筑物进行水库冲刷，冲沙后腾空调沙库容供下阶段淤积。水库泥沙冲刷量同冲沙时间、冲沙流量和水库水位下降幅度有关。冲沙时间愈长，冲沙流量大，水库水位下降幅度愈大，冲刷量愈大。该排沙方式尤适用于山区天然河道比降大的河流上的水库。对水电站，在中国大约在每日的 23 时至次日 7 时，有 6～8h 的日负荷低谷期，该时段汛期电价仅为正常电价的 1/2 左右。水电站利用该时段敞泄冲沙，此后再蓄水发电，损失的经济效益是很小的。例如装机容量为 13.5 万 kW 的岷江映秀湾水电站，汛期每月敞泄排沙 2 次，每次敞泄 4～6h，即可达到保持调节库容的目的。

（4）水库泥沙调度方式

综合上述，根据水位调度、排沙时间等，水库泥沙调度方式共有六种形式，见表 4-3。

表 4-3　水库泥沙调度方式

水库泥沙调度方式	全称	汛期控制库水位调度泥沙	部分汛期控制库水位调度泥沙	按分级流量控制库水位调度泥沙	异重流排沙	不定期敞泄排沙	定期敞泄排沙
	简称	汛期泥沙	分期调沙	分级流量调沙	异重流排沙	敞泄排沙	敞泄排沙
排沙时间		定期			不定期		定期
运行水位		控制			不控制		
排沙水位		设置			不设置		
调沙库容		可不设置	设置		不设置	设置	
水库调节性能		各类调节性能的水库	各类调节性能的水库	日、周、季	各类调节性能的水库	日、周、季、年	

表中所列泥沙调度方式系单一的方式。设计和运行过程中，可以采用几种调沙方式，水库不同的运行阶段也可以采用不同的调沙方式，在形成梯级水库以后应研究梯级泥沙联合调度。

4.2.5 其他生态调度技术

1．概述

合理运用大坝孔口的泄水方式，对生态因子（如水温、溶解氧等）进行调节调度。在汉江流域，由于水温的影响，鱼类产卵的时间较自然水温情况下延迟了一个月。合理运用大坝孔口以降低温度分层对鱼类的影响。根据水库水温垂直分布结构，结合取水用途和下游河段水生生物的生物学特性，利用分层取水设施，调整利用大坝不同高程的泄水孔口的运行规则。针对冷水下泄影响鱼类产卵、繁殖的问题，可采取增加表孔泄水的次数，满足水库下游的生态需求。

高坝水库泄水，特别是表孔和中孔泄水，因考虑水流消能导致气体过饱和，对于水生生物产生不利影响。特别是鱼类繁殖期，造成仔幼鱼死亡率提高，对于成鱼易发"水泡病"。针对这个问题，可以在保证防洪安全的前提下，延长泄洪时间，降低最大下泄流量，减缓气体过饱和的影响。研究优化开启不同高程的泄流设施，使不同掺气量的水流掺混。另外，可采取梯级水库及干支流水利枢纽联合调度的方式，降低下游汇流水体中溶解气体的含量。

2．技术与方法

（1）确定大坝下游河段环境流量

大坝运行过程中泄水会不可避免地影响大坝下游的生态系统，其中下泄水水量和水质起着至关重要的作用。由此，国外专家提出了大坝下游河段环境流量的概念，它已经成为许多国家建造大坝的许可证中不可缺少的一部分。大坝下游河段环境流量不是指自然流量，而是指维持坝下游河流生态系统和河岸区域生态系统平衡所必需的水量和水质。它可通过调查或监测坝下游地区生物和非生物环境因子，采用多学科的方法评价得到，需调查或监测的环境因子主要有：坝下游水力形态参数（如流量、流速）；物理化学参数（如水温、pH、溶解氧、BOD）；生物参数（如底栖植物、底栖动物、鱼类的种类和数量）等。

（2）制订合理的泄水调度方案

泄水调度是指有控制地从水库泄水，有目标地淹没一定范围的洪泛区或河流下游三角洲，以保持居民赖以维持生计的生态过程和自然资源。它不仅可以结合最传统和最现代的流域开发理念来开发水资源，达到水资源开发的最大效益（包括货币效益与非货币效益）的目的，而且可以将下游生态系统保持在某种理想状态。因此，在制定合理的泄水调度方案时，要综合考虑社会、经济和环境因素，即综合考虑大坝上、下游用水，包括满足供水和发电需求，满足依靠下游生态系统自然资源生活的人们的需要，同时，还有保持水生生物的生存环境，达到减轻大坝运行过程中泄水对坝下游生态系统影响的目的。

（3）实施坝下游生态系统恢复

实施坝下游生态系统的恢复，能够促进陆地、缓冲区域、水生生态系统间的相互联系，促进生态系统的自我维持，恢复洪泛区和河口区在改善流域水质、调蓄洪水、削减洪峰、保护生物多样性、改善生态景观等方面的功能。因此，坝下游生态系统的恢复是系统结构、功能的全面恢复。国内外对此已进行了大量的研究，欧美国家通过改变大坝的运行方式和人工制造洪峰部分恢复河流的自然流量特性，有效地恢复了部分功能受损的河流生态系统。我国在塔里木河流域经过 3 次生态调水后，发现塔里木河两岸的植被生长和生存条件有明显改变，灌术明显增多，地下水位显著上升，水体的矿化度降低，河流两岸植被景观格局也有明显变化。借鉴上述经验，从流域生态学角度出发，综合考虑流域土地利用方式、砍伐森林、农田耕种、河流缓冲区域、管理措施、堤坝等的影响，可以有效地恢复受大坝泄水影响的坝下游生态系统。

大坝运行过程中泄水在发挥缓解坝下游洪涝灾害、调蓄下游水资源、获得清洁能源等正面效益的同时，对下游生态系统产生了负面影响，如改变坝下游河流的自然流动模式、冲刷河床、偏移下游河道、改变下游水体水温和对污染物的稀释能力等，从而使得坝下游河道区、洪泛区和河口区原有动植物的生存和繁衍的环境发生变化，动植物种类减少，生物多样性降低，一定程度上破坏了坝下游的生态系统。

第 5 章　水景观与水文化营建技术

　　水景观和水文化营建的初衷，是在滨水景观建设中，实现满足生态功能基础上的景观表现最优化目标。在滨水景观建设中，按照生态功能设计的要求，对滨水开放空间形态、植物景观加以设计和改造，使其在保持原有生态功能的前提下，更好地满足使用者的功能需求和观赏效果。这是"把生态文明建设放在突出地位，融入经济建设、政治建设、文化建设、社会建设各方面和全过程，努力建设美丽中国，实现中华民族永续发展"的目标在滨水生态修复中的具体体现。

　　本章主要介绍了在水生态建设中滨水景观营建的技术与方法，涉及到仿自然水景营建技术、植被景观营建技术、文化与游憩设施营建等三部分内容。仿自然水景营建技术包括浅水湾和景观水景营建两部分内容。为了使滨水景观在满足生态功能的基础上增加滨水游憩、体验等活动空间，常应用浅水湾营建技术，并根据自然条件分为淤泥质和石质浅水湾营建技术。景观水景包括跌水和景观喷泉。植被景观营建技术包括原生植被保护技术、植被筛选技术和群落营建技术。种植设计是滨水景观建设中的重要内容，滨水种植因场地自然条件差异较大，本部分内容仅简单列举。文化与游憩设施按营建设施类型，分为线性游步道系统、游憩场地、景观设施、游憩服务设施和水文化景观。

5.1 仿自然水景营建技术

5.1.1 水景营建技术

1. 概述

水景观是园林景观设计的重要内容，水的景观表现灵活、形式多样。与景观和建筑协调的水景，能够起到组织开放空间、满足休闲功能、提升景观品质等方面的作用。

在进行水景生态化设计方案时，要遵循科学和综合性的原则，科学设计水体深度和规模，合理配置水生动物及其生境，增加水环境容量，营建完善的水生生态系统，并形成良好的景观观赏效果。

城市化地区，需要满足城市的景观和滨水休闲需求；水源充足、汇水条件较好的区域，需要通过绿地进行雨洪调蓄与利用，结合海绵型城市建设进行开发。贫水地区应限制建设人工水景。

2. 技术与方法

景观水景营建技术包括基底分析评价、水体深度与规模确定、生物栖息地营建、植被景观营建和设计营建等部分。

在营建生态水景之前，应首先结合自然水源的状况，进行本底资源分析。依托天然水源引水作为生态水景水源的，首先对水源水文状况进行评价，包括可供水量、水质条件、水体运行周期等。

其次，进行本底环境特征评价，作为生态水景设计方案的基础。确定场地自然地理位置，明确地理属性特征，如气候带；现有河道景观改造的，明确场地整体地貌和局部竖向变化，区分河槽、河漫滩、水路交接带、陆地部分；利用地理信息系统等空间分析方法，进行坡度、坡向、汇水分析，根据汇水面积和汇水量确定可能的水景观位置、形态与类型。

汇水面积即地表水集水面积，水量的大小及波动直接影响水陆区域的面积比、分布情况和类型。对场地中不同区域汇水面积的评价可明确场地地形的调整方式，对汇水面积过小，水流速度过快的区域可以适当调整场地竖向变化，增加地面径流；对汇水面积过大、水体较深，水生态系统演替场地可进行岸坡调整，扩大水域面积。对汇水区面积的分析应考虑降水时水位与地表径流收集容积以及旱期水源补给问题。

城市化地区，或改造类型的项目，还要进行场地人工影响要素分析，包括道路交通因素、规划用地类型等，结合场地文化过程和地域文化特色。

基于本底分析与评价，规划设计水景形态与结构，确定水系流向、水陆面积分布、径流速度、水体滞留区域等指标，形成场地雨洪资源综合利用基础上的水系平面布局，明确水体设计规模。景观水景从形态上可以包括跌水、喷泉、溪流、湖塘等形式。不同类型的水体，在运行方式上都需要通过增氧效果，延缓和改善水体富营养化，辅助维持水体生态平衡。

水体运行方式与水源状况、水质和景观需求相关。仿自然水景鼓励采用水体循环装置，循环利用水资源。再生水作为景观水源，应进行生态化处理，达标后才能使用。

水深条件影响水生植物的生长情况、组成、结构以及动态分布和演替。一般来说，超过 2m 水深通常没有或仅有极少沉水藻类或漂浮植物，其他水生植物无法生长。水质条件对生物生长有限制作用，一方面有毒物质对生物有毒害作用，另一方面，影响水体溶解氧含量，限制生物生长，此外还影响阳光透射水体，限制水体生物向深处生长。水文周期及水位变化控制着湿地植被类型、分布及生物产量，一般地表受水位波动深度变化小的植被空间分布模式和水文情势关系不密切，反之植被空间分布变化极为明显。

河床及岸边生境塑造，除保护场地原有动物生存空间外，通常会适当增加一定规模的人工栖息环境来满足游客观赏、游览及科普展示的需求。动物栖息环境的营建，一方面应注意选址的科学性，对不同生态习性的生物分别对待，并注意其相互影响；另一方面，还应对场地及周边动物类型、群落进行调研与分析，以求减少引进物种对场地生态系统的干扰；同时还应注意各生物之间的食物链关系，保证设计出的湿地生物栖息地能够持续自我运转。

生物栖息地营建与动植物密切相关。植被通常可分为陆地植被和湿地植被，湿地植被包括耐湿植物、挺水植物、浮水植物、沉水植物和漂浮植物。动物群落包含鸟类、鱼类、两栖类、昆虫等，其中鸟类分为候鸟和留鸟，候鸟有明显的季节性。

5.1.2　浅水湾营建技术

在天然河道中，由于水体的侵蚀和堆积作用交替进行，因此沿河交替分布着浅滩和深槽。浅滩最发育的地段多在河流水体流速减慢的区域，这些区域泥沙容易淤积形成浅滩，如在河床宽阔处或者支流河口附近。从天然河流的发育特征来看，在弯曲的河床中，两个相邻浅滩的间距约为河宽的 5～7 倍。

模拟天然河流水体的塑造形式，在河床宽阔处或者冲刷作用弱的区域，扩大水面设置浅水湾，形成缓坡断面。浅水湾既可以增加过流断面，便于构建蜿蜒型河道；又可以在冬季形成冰盖整体推移，防止护岸冻蚀。浅水湾区域便于结合植被种植和景观设施，形成水生动植物的栖息地，同时满足城市居民中的亲水功能需求。浅水湾的水深一般在 0.7m 的安全水深范围内。

对于现状带子河槽的复式河道形式，子河槽虽然部分实现了亲水的目的，但从亲水方式上看过于单一、乏味。在梯形和复式断面河道生态化改造设计中，根据不同的地形、地势，恢复成缓坡断面，局部扩大水面形成浅水湾。在滨水区域，结合浅水湾水边设计纵向的临水栈桥、亲水平台，以满足滨水景观观赏和交通需求。岸坡部分尽可能地直接入水，利用生态砖、生态袋护岸材料蜿蜒地置于水边，形成形态多变、宽窄不一的浅水湾种植槽，其间种植水生植物，形成有层次的岸坡绿化，可取得很好的生态、景观效果。

◆ 5.1.2.1 淤泥质浅水湾

1. 概述

以淤泥及淤泥质土作为浅水湾地基的称为淤泥质浅水湾。

淤泥及淤泥质土是在静水或非常缓慢的流水环境中沉积，并伴有微生物作用的一种结构性土，具有天然含水量高、孔隙比大、压缩性高、抗剪强度低等特性。淤泥是天然含水量大于液限、天然孔隙比大于或等于 1.5 的粘性土。天然含水量大于液限而天然孔隙比小于 1.5 但大于或等于 1.0 的粘性土或粉土为淤泥质土。

2. 技术与方法

现状河道土壤为淤泥及淤泥质土的，由于具有天然含水量高、孔隙比大、压缩性高、抗剪强度低等特性，其作为浅水湾地基时，需要挡墙处理和水底砂垫层换土法。

◆ 5.1.2.2 碎石底（卵砾石、砂石底）浅水湾

1. 概述

以河卵石、砂石或者碎石等作为浅水湾地基的，称为碎石底浅水湾。碎石底浅水湾是沟通水和天然河床比较有优势的工程技术。卵石池底在园林中应用很广泛。将大量的卵砾石、砂石按一定的级配与层次堆积于缓坡式岸边，既可以适应水的涨落和冲刷，又具有自然野趣的特征。

需要设置浅水湾的区域，河床基础为粘性土，或者粉砂质土经改造后均可

设置碎石底浅水湾。

2．技术与方法

从生物多样性的角度，在保证河道功能和周边建筑物安全的情况下，根据河道土质基础的不同，浅水湾区域河底设计可采取不同的形式。第一种是在河道基础为粘性土的河段，扩大水面设置浅水湾后，河底铺设一定厚度的卵砾石，部分河段可结合水生植物种植槽布置。第二种是在河道基础为粉质土壤的河段，河床耐冲力差，需要在河底回填一定厚度的粘土，后在粘土上铺设卵砾石。这两种设计主要是沟通水与天然河床的联系，有利于生物的生长和繁衍。第三种是对河道周围有大型建筑物的河段，为了保证建筑物的安全，浅水湾布置需要结合防渗设计。

◆ 5.1.2.3　块石底浅水湾

1．概述

天然块石是传统的园林材料，具有强度高、装饰性好、耐久度高、来源广泛等特点。基于以上特点，石材在园林驳岸中也是使用最广泛的。顾名思义，块石底浅水湾运用块石作为河床面层的构造材料，它具有景观和生态双重功能。块石底浅水湾可分为3种应用形式：干砌块石、浆砌块石和人工抛石。

干砌块石人工堆砌，存在空隙，适用于坡度较缓地段，一般适于 1:1.5 以下坡度；浆砌块石砂浆填缝，不透水，适用于坡度较大甚至垂直地段，可抗中等或严重冲刷；人工抛石按一定级配抛掷，可为植物提供生长空间，灵活创造景观适用于坡度较缓的任何地段，可抗严重冲刷。

2．技术与方法

干砌块石通常砌石按单层铺放，构成一相对光滑的上表面。砌石可以直接置于粘土边岸，也可以放在适当的垫层上，垫层的上表面应提供一个良好的营建面以便将石块置于该营建面之上。当砌石成形后，所有的孔隙用砾石填充，或是用楔形石块嵌入应有的位置。这样使得护面层各单元之间互相咬合，并且将很高的局部力分散到较大面积上。如果砌石直接放在基土上，接缝必须是紧密的，如果接缝内出现相当大的水流，基土会受到冲刷。铺砌，尤其是楔紧后，柔性较小，不适宜保护易于变形或移动的基土。

人工抛石对崩岸地段从深弘到岸边均匀地抛投一定厚度的块石层，能减弱水流对岸边的冲刷，稳定河势。块石尺寸以抵挡水流冲击不被冲走为原则。需要对砌石进行定期的检查和维修，要避免累积破坏，任何一块石头出现移位，就必须进行修补。

5.1.3 景观跌水营建技术

广义地来说，跌水是水流从高向低由于落差跌落而形成的动态水景，有瀑布和流水等不同形式。瀑布是指自然形态的落水景观，多与山石、溪流等结合。本部分所说的跌水是指规则形态的落水景观，其在景观表现上多与建筑、景观构筑物相结合，既具有水的韵律之美，又具有景观设计的形式之美，兼有曝气充氧作用，是水景观建设的重要内容。跌水又包括块石跌水、水槽式跌水和多级跌水。

◆ 5.1.3.1 块石跌水

1．概述

由块石垒砌构成下落水流基底的跌水称为块石跌水。

在地形较陡处，通过垒砌块石，减少水流经过时对无护面措施的下游造成强烈冲刷，同时形成自然的景观。

2．技术与方法

跌水是防止水冲刷下游的重要工程设施，选址于坡面陡峻，易被冲刷或景致需要的地方。跌水常需设置供水、排水系统，其供水管、排水管应该蔽而不露；跌水堰口要光滑。

◆ 5.1.3.2　水槽式跌水

1. 概述

跌水的外形就像一道阶梯，其台阶有高有低，层次有多有少，构筑物的形式也较自由，故产生了形式、水量、水声各异，丰富多彩的跌水。在每级跌水中分别设置水槽，水经过堰口溢出，其跌水形式比较柔和。

水槽式跌水适用于水流缓慢，高差不大的流水景观中。同时对水声要求比较轻缓也适合此类做法。

2. 技术与方法

水槽式跌水由 5 部分组成。

● 进口连接段，即上游景观渠道的连接段常用形式有扭曲面、八字墙等。

● 控制缺口，是控制上游渠道水位流量的咽喉，也称控制堰口。它控制和调节上游水位和通过的流量，常见缺口断面形式有矩形、梯形等，可设或不设底槛，可安装或不安装闸门。

● 跌水墙，即跌坎处的挡土墙，用以承受墙后填土的压力，有竖直式及倾斜式两种，在结构上跌水墙应与控制缺口连结成整体。

● 消力池，位于跌坎之下，其平面布置有扩散和等宽两种形式。横断面有矩形、梯形、复合断面形，用于消除因落差产生的水流动能。

● 出口连接段：其作用是调整出池水流，将水流平稳引至下游景观渠道。

◆ 5.1.3.3　多级跌水

1. 概述

多级跌水，即溪流下落时，具有三级台阶以上落差的跌水。多级跌水一般水流较小，水池可做规则式，也可自然式，根据环境而定。

落差在 5m 以上时，一般采用多级跌水。多级跌水的结构与单级跌水相似。多级跌水的分级数目和各级落差大小，应根据地形、地基、工程量、建筑材料、施工条件及管理运用等综合比较确定。一般各级跌水均采用相同的跌差与布置。

跌水设计需要解决的主要问题是上游平顺进流和下游充分消能。

2. 技术与方法

多级跌水施工要领：

（1）因地制宜，随形就势

布置跌水首先应分析地形条件，重点考虑地势高差变化、水源水量情况及周围景观空间等。

（2）根据水量确定跌水形式

水量大，落差单一，可选择单级跌水；水量小，地形具有台阶状落差，可选多级式跌水。通过给水、回水、跌落，形成一系列水循环，其中要保证水量充沛，水流连续。

（3）利用环境，综合造景

跌水应结合泉、溪涧、水池等其他水景综合考虑，并注意利用山石、树木隐蔽供水管、排水管，增加自然气息，丰富立面层次。

5.1.4 景观喷泉营建技术

1. 概述

喷泉在水生态处理上是一种优良的曝气方式。喷泉是利用压力使水从孔中喷向空中，再自由落下的一种优秀的造园水景工程。喷泉以壮观的水姿、奔放的水流、多变的水形，被广泛应用在水景观营建中。近年来，出现了多种造型喷泉、构成抽象形体的水雕塑和强调动态的活动喷泉等，大大丰富了喷泉构成水景的艺术效果。

喷泉可以湿润周围空气，减少尘埃，降低气温；喷泉的细小水珠同空气分子撞击，能产生大量的负氧离子，有益于改善城市面貌和增进居民身心健康。

2. 技术与方法

喷泉有很多布置种类和形式，大体上分为如下几类：

- 普通装饰性喷泉。它是由各种普通的水花图案组成的固定喷水型喷泉。

- 与雕塑结合的喷泉。喷泉的各种喷水花与雕塑、观赏柱等共同组成景观。

- 水雕塑。用人工或机械塑造出各种大型水柱的姿态。

- 自控喷泉。一般用各种电子技术，按设计程序来控制水、光、音、色形成多变奇异的景观。

布置喷泉及环境时，首先要考虑喷泉的主题、形式，要与环境相协调，用环境渲染和烘托喷泉，达到美化环境的目的。喷泉宜安置在避风的环境中以保持水型。自控喷泉和雕塑常由厂家进行二次设计。

喷头是喷泉的主要组成部分，它的作用是把具有一定压力的水变成各种预想的、绚丽的水花，喷射在水池的上空。经常使用的类型有：射流喷头、喷雾喷头、环形喷头、旋转喷头、扇形喷头、多孔喷头等，其中射流喷头是应用最为广泛的。

喷泉水形是由喷头的种类、组合方式及俯仰角度等几个方面因素共同形成，包括水柱、水带、水线、水幕、水膜、水雾、水花、水泡等。

将水形按照设计构思进行不同的组合，就可以创造出千变万化的水形设计。水形的组合造型也有很多方式。从喷泉射流的基本形式来分，水形的组合形式有单射流、集射流、散射流和组合射流等。

5.2　植被景观营建技术

植被景观营建是指科学配置植物群落，构建具有生态防护和景观效果的滨水植被带，发挥滨水植被带对水陆生态系统的廊道、过滤和防护作用，提升生态系统在水体保护、岸堤稳定、气候调节、环境美化和旅游休闲等方面的功能。滨水植被带是河流生态系统的重要组成部分之一，对水陆生态系统间的物质流、能量流、信息流和生物流能够发挥廊道、过滤器和屏障等生态作用。

通过植被景观营建技术，在保育原生植被基础上，重建退化的河岸带植被群落，提高河岸带生态系统多样性是水生态保护与修复的重要内容。滨水带植物景观营建技术，既要遵循它的艺术规律，也要保持它的相对独立性，但不是孤立的，必须统一考虑其他诸多要素，进行总体规划设计。

植被营建要更多地与立地条件结合，尤其是土壤条件。湿地土壤具有维持生物多样性、分配和调节地表水分、过滤、缓冲、分解固定和降解有机物和无机物等功能。土壤类型、结构、质地、密度、温度、肥度、盐度以及渗透性通过影响根部的容量、水分和营养物质从而影响植物生长。适宜的基底土条件对植物群落的构建是非常重要的前提。

植被景观营建技术包括原生植被保护技术、生态植被筛选技术和植物群落配置技术等。

5.2.1　原生植被保育技术

1．概述

水陆生态系统中现有的植被统称为原生植被，这些原生植被也是重要的生态本底条件。原生植被种类组成、群落结构等基础性调查的目的，是了解该地区的植被现状及其作为动植物栖息地和生物及环境资源的价值，也是进行滨水植被带生态修复的基础。深入详尽的调查能更好地掌握并遵循自然生态系统恢复的规律，把握立地条件下植被群落演替规律，加速退化生态系统的恢复重建。

在进行滨水生态环境修复中，应该重视推广原生植被群落保护技术。基于原生植被的调查，可以形成科学的植被保育技术方案，对调查中需要保护的群落进行原地或者迁地保护。

滨水植被带生态系统是介于陆地与水域之间的生态过渡地带，是非常重要的典型的生态交错区。天然河道经过多年的自然发育，滨水植被带存在一定数量的现状植被；或者经过一定人工整理和景观建设的河道也存在大量的植被，这些植被也经过了多年演替，这两种情况下的生态修复首先要进行原生植被保护。

2. 技术与方法

原生植被保护技术基本步骤包括：一、原生植被资源调查；二、立地类型划分；三、制定原生植被保护方案。

植被资源调查侧重于种类调查，主要是了解当地植物资源的种类和分布情况。首先通过文献了解该地区植物系统资料，然后进行野外调查进行样本采集，最后根据调查所得资料编写植物资源名录。

尽可能地展开详尽的原生植被调查。在调查范围内，根据不同类型干扰因素选择典型地段，典型地段长度一般为50m。在典型地段内随机布设样方，采用标准样方分析方法进行调查与数据分析。通过原生植被调查明确原生植被种类组成、群落结构，分析植物群落演替规律，为后续生态修复和制定原生植被保护方案提供科学依据。

立地类型取决于不同的土壤条件、气候条件和地貌类型，水、肥、气、热的不同会造成植被生长的差异。立地类型的划分应当遵循综合性原则和主导因子原则，即在进行分类时要全面考虑各项因素及它们之间的相互关系，系统分析区域内所有的成分和整体特征，综合对植被生长有重要影响的立地因素，视其相似程度划分立地单元，并确定界线，正确反映地域分异情况。立地因子的选择一般包括海拔、土壤地质、坡度、坡向等，滨水地带还应当考虑洪水等周期性因素。

根据原生植被调查，保护现有植被群落，重点保护具有典型地带性植被特征、具有典型演替特征或者具有典型动物栖息地特征的植物群落。

保护具有典型地带性植被特征的植被群落。原生地带性植被是立地条件直接适应的植被类型，大多经过长期的自然演替，因此要同时保护具有典型演替特征的植被群落。

保护具有典型动物栖息地特征的植被生境。植被生境保护对湿地生物的招引、生存与繁衍具有重要意义。保护树林、浅滩、沼泽、水生植物等湿地动物栖息场所不受人为干扰破坏。保护湿地生物的迁徙廊道。

同时，需要研究和保护原生湿地斑块尺度和格局。现状湿地分布情况是场地环境的重要特征，斑块的破碎化降低了景观的连通性，生态格局中应避免并尽量减缓斑块的破碎化过程，同时肯定破碎斑块边缘的生态交错带有更高的生物多样性。

综合调查研究基础上，制定原生植被保护与生境修复方案。在制定植被生态修复方案时，首要是通过减少人类的干扰使残余的植被得以保留，并根据现状调查结果改善和修复植被生长的立地条件，为滨水植被带构建制定全面的技术方案。可辅助采用工程方法，如围栏、打桩等方式。

5.2.2　植被筛选技术

1．概述

在植物资源调查的基础上，以气候、土壤等立地条件研究为基础，按照地域性、生态适应性、科学性与艺术性结合等原则，结合项目具体生态、景观要求，筛选适用植被，建设滨水植被带，同时加强乡土植物品种库的建设，提高乡土苗木的市场化供应。

植物筛选以地带性植物为主，结合引种驯化，建设滨水植被带。加强乡土植物品种库的建设，提高乡土苗木的市场化供应量。以地带性植被为主，借鉴当地适生野生植被资源，恢复植被群落结构，丰富湿生乔木—湿生灌草—挺水植物—沉水植物群落，促进草木再生，形成自然演替序列，防止外来优势种入侵。

在贫水干旱的地区优先选用节水型植物，有效节约绿化用水，降低工程造价，提高植物的成活率和生长质量。在水质不佳、土壤污染等地区，优先选用防护植物，监测、减弱或消除环境中有害因素的影响，促进生态环境修复。

在栖息地保育区，优先选用食源、蜜源植物，加强生物多样性建设。如水杉、池杉、柏树、女贞、冬青、樟树等乔木通常适宜候鸟栖息；金鱼藻、荇菜等是鱼类的良好食物；开花蜜源植物，如紫荆、草本野花等可以吸引蝶类等昆虫。此外，可适当设计和安装特殊装置，如人工鸟巢、投食装置等，吸引鸟类停留、栖息与繁殖。

生态植被的筛选是进行滨水植被景观营建的基础性工作。有条件的项目均应开展此项工作。

2．技术与方法

适宜生态植被的筛选要以乡土植被为主，并从生态适应性和环境景观要求两个方面着手。

生态适宜性即要求所选植物品种的生物学、生态学特征要与立地条件相适应，尤其要考虑立地条件下的限制性因子。如在贫水干旱的地区优先选用节水型植物，有效节约绿化用水，降低工程造价，提高植物的成活率和生长质量；在土壤沙化地区使用具有防风固沙的树种，如树柳、梭梭、固沙草、沙地柏、旱柳等；在盐碱地使用碱茅、野黑麦、芦苇等耐盐碱植物品种。

所选植物还应当考虑先锋性、可演替性及持续稳定性。先锋性能保证尽快地实现植被覆盖发挥固土作用，随着时间的推移，先锋植被逐步退出群落，而侵占能力强、生命力旺盛、长寿命的植物品种会逐步占据主导，形成目标群落，实现自然演替。稳定性则要求目标群落形成后，植物在无人工养护或少人工养护的情况下仍能健康生长，这也体现了植物对自然气候和立地条件的适应性。

在项目涉及水、土壤污染、重金属污染等环境条件时，植物的选取在保证抗逆性的同时还可以选用一些对环境污染具有监测、改造功能的植物。

当项目涉及栖息地保育区时应当重点考虑品种选用的生物多样性，并根据保护对象优先选用食源、蜜源植物。

环境景观的具体要求随项目具体类型而变化，应当满足规划设计中的艺术性要求。植物种类的选择应当注重乔、灌、草、地被种类的数量比例，注意常绿与落叶树种的合理搭配，并根据景观设计的要求或是主题选择具有观赏性的植物种类。

在缺少植物资源市场供给的情况下，需要开展引种驯化与繁殖工作。特别是针对资源储量少的地区或分布零星不易集中采收的种类尤为重要。

在引种驯化工作中应当注意"气候相似"的原则，植物的引种驯化，要根据其生物学特性，在处理好各生态因子协调关系的基础上，制定出栽培技术措施，建立繁殖基地，实行集约化管理，充分利用好土地和空间。

引种驯化繁育工作还应当与项目所在地生产绿地规划建设相结合，一方面为项目本身提供充足的植物资源，另一方面也是对当地乡土植物品种库的支撑，对提升乡土植物市场供应具有重要意义。

5.2.3 群落配置技术

1．概述

植物在景观设计中占有非常重要的位置，在水生态植物种植设计中，按生态位科学配置滨水及水生植物群落，尽量遵循自然群落稳定的物种组成及比例，异龄复层混交，实现保护生物多样性、增加碳汇、优化环境、提升生态服务功能等多重目标。水环境植物根据不同的植被生境，可分为沉水植物、挺水植物、漂浮植物和岸缘植物。沉水观赏植物是指整个植株基本上全部沉入水中生长发育，花、叶露出水面或不露出水面的水生观赏花卉。挺水植物包括（湿生、沼生）观赏植物，是指茎、叶挺出水面的植物。浮水（含浮叶、漂浮）观赏植物又可分为浮叶植物和漂浮植物。浮叶植物是指叶漂浮在水面或部分叶、花漂浮在水面的水生花卉。漂浮植物是指整个植株都能漂浮在水面生长发育，随时随着水流、风浪四处漂泊的植物。岸缘植物为生长在岸边的植物，耐水湿，通常可生长在大部分时间地表无积水但经常土壤饱和或过饱和的地方。岸缘植物形态多样，包括乔木、灌木、草本。

2．技术与方法

植物群落的形成需要考虑生态位原则，不同的植物需要不同的环境，如阳性植物下面可以种植阴性植物。

沉水植物主要定植在比较深的水域中，并配置在浮叶植物相间或浮叶与挺水植物之间的空隙处，以增加水生植物的景观层次，既可观赏又可以净化水质。此类植物适用于各种水体，但河道流速要求缓慢。

挺水植物一般植株较高大，大多数有明显的茎叶之分，下部或茎部沉入水中，根茎入泥，有些种类具有肥厚的根状茎，或在根系中产生发达的通气组织。此类植物多用于水景园的岸边浅水湿地中布置。

浮叶植物无明显的地上茎，叶柄与水深相适应伸长，花叶通过叶片特殊结构浮于水面上。此类植物生态习性多样，需在水下修筑各种形状的定植池使之在水面上形成各种形状的水景图画。浮叶植物种植需要根据水深选择种类，种植深度也有要求，否则会出现浮苗现象。

漂浮植物通常在体内储存大量的气体，使叶、花平稳地浮于水面。在没有大量的水体时，也可在湿地上生长。这类植物种类不多，多数以观叶为主，观花为辅。

水生植物在水面布置中，要考虑到水面的大小，水体的深浅，选择适宜种类。注意种植比例，水生种植面积宜占水面的 30%～50%，不可满植。作为混合群落，应该在水下修筑图案各异、大小不等、疏密相间、高低不等适宜花卉生长的定植池，其目的是防止各种植物互相混杂影响植物生长发育。群落里面生长迅速的漂浮植物需要用固定的种植池或围栏控制，防止疯长。

此外，按照不同的水深状况配置植物，水生植物的生长受水深的限制。另外，降雨量的季节性变化或者其他一些因素往往会影响水体水位的变化，在这种情况下，宜选择适应性较强的植物品种。

水边植物景观的营建，可以利用芦苇、慈姑、鸢尾、水葱等沼生草本植物，创造水边低矮的植物景观。用来陪衬水景的岸缘风景树，应当选择耐水湿，同时抗风性强的树种。若不耐湿，则需要进行特殊处理。对这类树种，其种植穴的底部高度一定要在设计水位线上。

5.3　文化与游憩设施营建技术

5.3.1　线性游步道系统

游步道在景观中具有交通、引导游览，连接景观节点等多方面的功能，其所呈现的步移景异的线性景观效果，极大地丰富了游人的景观体验，随着游览体验的要求提高，步道设计需有更好的艺术性、生态性、功能性，将功能与周边环境更好地融为一体，营建有特色的景观游步道景观。

游步道系统构成元素划分大致为：园路、台阶、坡道、步行桥等景观构筑，园路多运用透水铺装。

◆ 5.3.1.1　透水铺装园路

1. 概述

透水铺装是一种能够有效利用雨水资源还原地下水、减少地表径流的环境友好型地面铺装材料。透水铺装具有良好的透水、透气性能，可使雨水迅速渗入地下，补充土壤水和地下水，保持土壤湿度，改善城市地面植物和土壤微生物的生存条件。同时，可吸收水分与热量，调节地表局部空间的温湿度，对调节城市小气候、缓解城市热岛效应有较大的作用。

透水铺装包括透水混凝土、透水砖和土壤稳固技术。

透水混凝土，又可以称为多孔混凝土、无砂混凝土，是由骨料、水泥和水，加入透水混凝土强固剂，按规定工艺拌制而成的一种多孔轻质混凝土。透水混凝土技术能让雨水通过铺装面层回灌地下，有效补充地下水，缓解城市的地下水位下降等城市环境问题；并能有效地消除地面上油类化合物等对环境形成的影响。透水混凝土路面是一种整体浇筑型透水路面。

透水砖是采用碎石骨料、矿渣废料、废陶瓷为原料，经两次成型，高温烧成，是绿色环保产品。透水砖根据烧结原料的不同，可以分为：

- 普通透水砖：材质为普通碎石的多孔混凝土材料经压制成形。

- 聚合物纤维混凝土透水砖：材质为花岗岩石骨料，高强水泥和水泥聚合物增强剂，并掺合聚丙烯纤维，搅拌后经压制成。

- 彩石复合混凝土透水砖：材质面层为天然彩色花岗岩、大理石与改性环氧树脂胶合，再与底层聚合物纤维多孔混凝土经压制复合成形。

- 彩石环氧通体透水砖：材质骨料为天然彩石与进口改性环氧树脂胶合，经特殊工艺加工成形。

- 生态砂基透水砖：以沙漠中风积沙为原料，通过破坏水的表面张力的透水原理，常温下免烧结成型。

土壤稳固技术是将土壤固化剂加入到土壤，通过离子交换的化学反应把附着在土壤颗粒表面的水分子完全分离变成"自由水"，在压路机械压载的作用下，除去土壤颗粒中所含的水分和气体，实现不可逆的土壤的改性—固化过程。这项技术排除因潮湿或干燥天气造成的，水分吸收或蒸发引起的土壤膨胀和收缩，进而避免造成土路基破坏。

透水铺装园路适用于有沟通地下水生态需要的路面，应用于道路、广场等滨水景观铺装中。土壤稳固技术除上述应用范围外，更可用于一般的堤顶公路的路面或路基硬化。

2．技术与方法

透水混凝土在满足强度要求的同时，还需要保持一定的贯通孔隙来满足透水性的要求，因此在配制时除了选择合适的原材料外，还要通过配合比设计和制备工艺以及添加剂来达到保证强度和孔隙率的目的。采用单粒级或间断粒级的粗骨料作为骨架，细骨料的用量一般控制在总骨料的20%以内。水泥可选用硅酸盐水泥、普通硅酸盐水泥和矿渣硅酸盐水泥。掺合料可选用硅灰、粉煤灰、矿渣微细粉等。具体投放和搅拌工艺视产品供应商略有差异。

透水混凝土的施工主要包括摊铺、成型、表面处理、接缝处理等工序。可采用机械或人工方法进行摊铺。成型可采用平板振动器、振动整平辊、手动推拉辊、振动整平梁等进行施工。表面处理主要是为了保证提高表面观感，对已成型的透水混凝土表面进行修整或清洗。透水混凝土路面接缝的设置与普通混凝土基本相同，缩缝等距布设，间距不宜超过6m。透水混凝土施工后采用覆盖养护，洒水保湿养护至少7天，养护期间要防止混凝土表面孔隙被泥沙污染。混凝土的日常维护包括日常的清扫、封堵孔隙的清理。

透水砖的施工工艺包括基层整理、垫层、结合层、面层、细沙扫缝。基层整理为修整路基，找平碾压，压实度应控制在重型击实标准最大密实度的92%以上。垫层应用碎石、灰土等透水材料和透水砖相应施工，其做法见图5-1所示。铺设完毕后，注意成品保护，即铺装完活2～3天内，禁止人员及施工机械车辆，在透水砖上通过，以免扰动，造成透水砖松动。

土壤固化技术施工工艺可以分为路拌法和厂拌法施工两种。路拌法施工是指土壤固化剂与基土在施工的路基或地基现场分层（次）铺撒（喷洒）、就地拌和、整型、碾压成型的一种施工方法。厂拌法施工在经济技术比较、因地制宜、具备厂拌设备条件时采用。采用液体固化剂的固化土一般不适宜用厂拌法。施工中通过机械方法将土壤空隙中水分和空气驱除，要求压实度k≥95%。

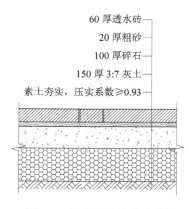

60 厚透水砖
20 厚粗砂
100 厚碎石
150 厚 3:7 灰土
素土夯实，压实系数≥0.93

图 5-1　景观园路透水砖做法

土壤稳固施工技术，尤其是含水量的控制因产品和土壤条件的不同而有差异，应进行固化土配合比设计。应先铺筑试验路段，以提供必要的施工参数。

◆ 5.3.1.2　木栈道

1. 概述

木栈道为连接场地间的架空型廊道，多建在生态保护，湿地、滨水区域，是最大限度减少人工因素对生态环境影响的步道形式。

2. 技术与方法

木栈道一般为桩基或独立柱放大脚基础结构（小型木栈道或全为木质结构）。木栈道龙骨一般用防腐木或钢龙骨。木栈道面层多采用防腐木或塑木。栏杆则可用金属、防腐木及仿木栏杆等。

木栈道组织有序的路线及风景变换。栈道端头须设有空间转换平台供行人停留及作为缓冲空间。涉水栈道流线宜顺应水体流向。如涉水至少高于常水位300mm，另需考虑是否涉洪，如：栈道高程须设置于×年洪水位线上。涉水及有高差变化的位置须设置栏杆并满足安全要求（高度>1050mm）。照明须满足安全要求。材料宜选择耐候性物料。避开生态保护区（候鸟栖息地等），栈道直线长度不宜过长，超长中途须设置休息平台或转换空间；应避开水工构筑物；栈道转折夹角不宜小于90°。

◆ 5.3.1.3　步行桥

1. 概述

景观步行桥作为连接水岸两侧人行交通的构筑物，与桥位环境共同构成独特的景观节点。

2. 技术与方法

人行桥体基础一般以桩基为主。桥体龙骨一般采用钢龙骨铺设。面层一般选用防腐木或塑木铺设。栏杆可选用防腐木、金属等材料作为栏杆。

桥体位置宜选择最小岸距段。形式材料与场地风格相符。桥体与水面倒影及周边环境的关系需协调。考虑桥体结构的科学、安全性，是否影响行洪，并对桥体高程与水位线关系进行推敲。涉水较深或落差较大时需设桥体栏杆，且高度须>1050mm。选择合适的桥体功能与形式（如是否因考虑通航功能而采取拱桥形式），桥体与两端场地的交接处理恰当，灯光照明与桥体形式相一致。

5.3.2　游憩场地

游憩场地是游憩者可进入，具有休息、交往、锻炼、娱乐、观光、旅游等休闲功能的开放空间。游憩场地是汇集自然和人文成为承托自然和人文衍生变化的平台。游憩场地构成元素大致为：集散广场、休息场地、观赏平台等。在水生态保护与修复的前提下，游憩场地多运用透水铺装。

◆ 5.3.2.1　集散广场

1. 概述

集散广场供大量人流集散，一般为比较重要的交通枢纽。在游览过程中合理地组织集散，保证人流能通畅而安全的行进。

2. 技术与方法

场地一般布置在园林的适中区域或园林出入口的内外。根据需要，对广场的数量、面积、分布和布局从整体上作出安排，交通组织要合理。

◆ 5.3.2.2　休息场地

1．概述

休息场地常布置在步行路两侧及景点附近，供游客休息及观景使用，使游客在游览过程中有停留的空间，精力更加充沛。

2．技术与方法

根据空间比例、围合程度又可分为封闭的、半封闭的和开敞的几种形式。设计应结合自然，珍惜良好的生态环境；因地借景，充分利用场地内外景观要素。

◆ 5.3.2.3　观赏平台

1．概述

观赏平台能够满足过往游人在景观优美地段驻足欣赏并休闲小憩的需求。观赏平台作为构成景观环境的一个要素，通过周围景观与观赏台本身两者的交融与延伸，产生丰富的意境。观赏平台可以有效地控制观景点，利用点景、隔景等造景方式丰富景观。

景观平台常布置在有较高景观价值且视域良好的地点。

2．技术与方法

观赏平台选址有代表性，通常设置在有较高景观价值且视域良好的范围。功能分区明确，设计内容简洁，利于后期维护。

5.3.3　景观设施

◆ 5.3.3.1　亭、廊景观构筑物

1．概述

亭多置于景观最佳畅览视点，用于满足游人园林游览休憩、观赏的开敞性景观构筑物，同时自身也构成景观焦点。廊架通常布置在两个建筑物或两个观赏点之间，成为空间联系和空间分化的一种重要手段。它不仅具有遮风避雨、交通联系的实际功能，而且对园林中风景的展开和观赏程序的层次起着重要的组织作用。

亭廊景观构筑物常用（仿）木营建技术营建，包括塑木技术和防腐木/炭化木技术。

塑木复合材料（WPC）作为一种替代木材的新材料，是以锯末、木屑、竹屑、稻壳、麦秸、大豆皮、花生壳、甘蔗渣、棉秸秆等低值生物质纤维为主原料，与塑料合成的一种新型复合材料，同时具备植物纤维和塑料的优点。塑木材料可广泛应用于滨水室外环境设施中，如木栈道铺装、街道家具、滨水围栏、景观构筑物等，还可以直接用于与水体、土壤接触的环境中。

防腐木是采用防腐剂渗透并固化木材，使木材具有防腐蚀、防潮、防真菌、防虫蚁、防霉变以及防水等特性的木材，因其具有能够直接接触土壤及潮湿环境，从而应用在滨水景观设施建设中。还有一种没有防腐剂的防腐木，深度炭化木，又称热处理木。炭化木是将木材的有效营养成分炭化，通过切断腐朽菌生存的营养链来达到防腐的目的。防腐木其种类有很多种，最常用的是樟子松防腐木、南方松防腐木、花旗松防腐木、柳桉防腐木、菠萝格防腐木等。

2. 技术与方法

亭选址应结合周边景观元素，善于利用地形，选取最佳视点，且满足基础要求（非回填土地块）。临水建亭需注意栏杆的设置及与水位的关系，是否有防洪要求，体量与水面的关系，造型是否与周边环境相协调。亭须与其他景观（山、水、树、广场等）元素相融合，同时注意休憩座椅、栏杆等细节的设置。

廊架须注意功能的确定（围合、休憩、分割、连接，游线等）以及与形式的统一协调（单臂廊，双臂廊，与墙体、花窗结合廊，复合廊，涉水廊，与植物的结合（花架）等）。廊的出入口一般设置在人流集散地，造型布局上力求曲折变化，参差错落。廊架的比例尺度及选材应结合场地风格。同时注意细节设计的把控（栏杆、漏窗休憩座椅等的设置）。

景观亭廊基础多为混凝土垫层基础。柱体用料一般为钢混、砖砌及钢木结构（钢混及砖砌需外贴饰面材料），顶层结构则多为钢混及钢木结构。钢木结构另需喷漆饰面。

材料方面，塑木安装方法等同于木材，可以使用普通的木工机械切割、锯、钻孔、开榫头。塑木与塑木之间可以使用不锈钢自攻螺钉紧固。塑木与钢板要使用自钻自攻螺钉。塑木与塑木之间使用自攻螺钉紧固时应先行引孔，也就是预钻孔。预钻孔的直径应小于螺钉直径的 3/4。但由于塑木具有轻微的热胀冷缩的特点，加上考虑到清扫等原因，塑木型材在安装时，边与边、端与端之间必须留有适当的间隙。该间隙的预留与施工时候的气候气温也有着密切的关系。榫接时也应该考虑到塑木热胀冷缩的特点，留有伸缩活动的余地。

防腐木铺设从方法上可以分为三类：①固定铺设法：用膨胀螺丝把龙骨固定在地面上，膨胀螺丝应用尼龙材质，铁膨胀管应涂刷防锈漆，然后再铺设防腐木。②活动铺设法：用不锈钢十字螺丝在防腐木的正面与龙骨连接；用螺丝把龙骨固定在防腐木反面，几块组合拼成一个整体，既不破坏地面结构，也可自由拆卸清洗。③悬浮铺设法：龙骨在地面找平可连接成框架/井字架结构，然后再铺设防腐木。

在设计施工中应充分保持防腐木材与地面之间的空气流通，可以更有效延长木结构基层的寿命。

◆ 5.3.3.2　景观小品设施

1. 概述

景观小品设计是一种烘托环境的整体效果的艺术，其空间组织的设计需要通过各种技术、材料、工艺、施工、设备等综合因素来实现。景观小品设施一般为观赏性景观雕塑，用于景观节点烘托气氛，展现文化内涵。景观小品应结合周围环境适当放置。

2. 技术与方法

景观小品应兼顾使用功能和观赏功能，与周边环境的比例尺度。物料选择、主题、元素的延续细化等文化特征应与地区文化特征相适应。

景观小品通过各种技术、材料、工艺、施工、设备等综合因素来实现。大型雕塑需相关专业参与。

◆ 5.3.3.3　重点景观设施

1. 概述

重点景观设施多指核心景观节点构筑物、大型人工景观元素，即景观地标。供大量人流集散，一般为比较重要的交通枢纽。在游览过程中合理地组织集散，保证人流能通畅且安全地行进。

2. 技术与方法

造型、颜色、材质、体量能控制住场地并与周边环境相协调。地标的体量、规模、色彩、文化效益、纪念意义、公共性、造型所产生的景观异质性及其审美心理震撼是其作为形象标志的主要原因。景观异质性来源于图底关系的强烈对比，以此获得强烈的视觉效果。视觉突出且满足多视点观赏需求，并体现场地文化属性。

重点景观设施建设通过各种技术、材料、工艺、施工、设备等综合因素来实现。

◆ 5.3.3.4　游憩照明设施

1. 概述

游憩照明设施主要是游憩场地的功能性照明灯具以及场地氛围烘托型照明灯具及相关电气配套设施。夜间游憩照明系统可确保交通安全，方便游人游览，降低犯罪率，美化公园环境，烘托气氛。游憩照明系统布置需具有安全性、舒适性、美观性。

2. 技术与方法

游憩照明系统照明灯具按各类型照明的不同要求分为杆灯、庭院灯、草坪灯、地埋灯、壁灯、投光灯等。照明亮度需与周围环境协调，保证安全、环保、经济，方便维护。电箱等设施应选相对隐蔽处并做防护处理。

5.3.4　水文化景观

1．概述

水是人类赖以生存和发展的重要资源,同时也被赋予了精神和文化的象征。水文化是人类创造或者曾经存在的，与水有关的自然、科学、历史、人文等方面的精神与物质的文化的总称，水文化包罗万象。

通过在水生态修复、水利工程和生态景观工程建设中，结合城市功能需求，在生态恢复的同时，适度恢复河道的历史文化记忆，或者将其作为地域文化和城市特色的展示窗口，为水系建设增加文化附加值，实现水系综合价值的实现。

在城市化地区，鼓励将滨水文化景观设施与地域文化相结合，体现独特的水文化，并注重整体协调性。

2．技术与方法

水文化按类型来分，可包括历史文化、地域文化、城建文化与产业文化（如农耕文化）等类型。按其在景观建设中的文化表达方式，可分为景观装置、景观小品及雕塑等。

雕塑、景观装置和景观小品都要求文化表现与地域环境空间相协调，其布置以城市功能性需求为前提，进行合理的布局和设计。其中，景观装置和雕塑都是以表达水文化主题为原则来创作,是景观空间中的视觉焦点和视觉停驻点。景观小品是供休憩、装饰、观赏为主的小型设施或者构筑物，其造型可结合一定的文化元素，并与滨水自然生态环境相融合。

第6章　水生态系统监测与评估

建立可持续的水生态系统监测与评估是检验水生态保护与修复工作成效的必要手段。

对各种自然生态因子（河势及其演变、水量、水质、水文情势、河流、生态系统结构与功能、生物多样性、生物量等）和人为影响因子（流域水资源利用、环境污染、人口增长、城市化进程、水利工程布局等）进行动态综合分析，特别是注意人为影响因子与自然生态因子之间耦合——反馈关系，认识人类活动与河流自然演进的交互作用。通过生态系统结构与功能的历史与现状长时间序列分析，追踪严重干扰前的生态状况，掌握生态系统演进趋势，从过程中发现生态系统在胁迫下退化的症状及其成因。

6.1 水生态系统监测

6.1.1 监测的方法及范围

监测方法通常包括定性描述和定量测量。定性描述的费用相对比较低，可在相对较大的区域内进行快速评价；定量测量主要通过勘查测量、现场取样和室内试验等技术手段获得所需数据。定量数据应以表格形式展现，将所有监测结果按照时间顺序进行对照，也可用曲线图进行展现，反映数据随时间变化规律并可显示极值。

监测范围的选择需要考虑鱼类、鸟类的迁徙和分布规律以及无脊椎动物幼虫及卵的分布状况，这些物种往往是衡量水域生态恢复的关键物种，这些动物的活动范围往往超过项目工程实施区的范围。在时间尺度方面，考虑到河流生态修复是一个生态演进过程，一个生态稳定的河流生态系统的形成需要十几年到几十年的时间，监测时间应超过工程期限。根据生态修复工程项目的规模和重要性，应考虑建立长期监测系统，为河湖管理服务。

6.1.2 监测的内容

◆ 6.1.2.1 水质监测

水质监测是指对修复工程后水生态系统所发展的长期水体监测。制定水体监测方案，首先应明确监测目的，确定监测对象、设计监测位点，合理安排采样时间和频率，选定采样方法和分析测定技术，提出监测报告要求，制定质量保证程序、措施和方案的实施计划等。

监测方法选择原则应遵循：灵敏度和准确性能满足测定要求，方法成熟，抗干扰能力强，操作简单。按照监测分析方法原理，监测分析方法主要有分光光度方法、原子吸收光谱法、电化学法、离子色谱法、气相色谱法、高效液相色谱法、气象色谱—质谱法。各监测项目的具体监测方法详细参考《地表水和污水监测技术规范》（HJ/T 91－2002）。

◆ 6.1.2.2　水文监测

水文监测是对流速、水位、含沙量、水温等化学物理参数的直接测量，通过数据整理，获得年、季、月、旬、日的流量过程，分析河床的冲淤过程，地表水与地下水的相互转化过程以及水温变化过程。通过水文资料长序列分析，还可以计算出具有生态意义的 5 种水文要素，即流量、频率、持续时间、出现时机和变化率。

河流生态修复工程还有些特殊需要的水文监测项目，如将水流流态分为静水、缓流、湍流、急流、回流等若干形式，掌握河段内各种流态的发生频率和分布情况。

◆ 6.1.2.3　地貌监测

地貌监测包括横断面多样性、宽深比、河流平面形态、蜿蜒性特征（曲率半径、中心角、河湾跨度、幅度、弯曲系数）、河道坡降、河床材料组成、河漫滩湿地、岸坡稳定性、遮蔽物等局部地貌特征，以及输沙量、含沙量、颗粒级配等泥沙特性。

为保证河流岸坡土体的稳定性，需进行岸坡土体的垂直位移、水平位移以及孔隙水压力的监测，并进行水下地形的测量。垂直位移提供有关河流岸坡土体的沉降量、沉降速率及沉降分布的信息，这些信息在岸坡土体失稳前会出现异常。水平位移监测提供有关河流岸坡土体平面方向的移动量，位移速率及移动方向的信息可以反映边坡稳定性。孔隙水压力现场监测是维持边坡稳定的重要手段。

另外，为防止水体淘冲坡脚影响岸坡稳定，需加强对近岸地下水地形的监测。

◆ 6.1.2.4 生物监测

生物监测的内容包括植被覆盖比例，物种组成和密度、生物群落多样性、生长速率、生物生产量、龄级/种类分布、濒危物种风险、病害情况等。对生物群落组成进行监测时，包括浮游植物、着生生物、浮游动物、底栖动物、两栖动物、水生维管束植物、鱼群种类和数量，并应测定水生生物现存量，包括浮游植物、浮游动物和底栖动物的生物量。监测分析生物群落内的物种丰度、多度及密度时，常用 Shannon 多样性指数对比分析。

除对水体内的生物进行监测外，也应对滨河带生物进行监测，包括植被种类、疏密程度、对水面的遮蔽情况、滩地植被种类等。对有洄游鱼类的河段，应在洄游期进行连续监测。同时，应调查岸坡、滩地等处动物群落的分布状况、活动规律等情况。

6.2 水生态系统评估

6.2.1 评估的总体目标

河湖健康评估的总体目标就是要了解河湖的生态状况，进而了解导致河湖健康出现问题的原因，掌握河湖健康变化规律。归纳起来，河湖健康评估要回答下列问题：

- 河湖健康状况如何？

- 哪些河湖处于不健康状况？

- 河湖不健康的主要表征是什么？

- 是什么原因导致其不健康？

- 河湖生态保护及修复的目标是什么？

- 河湖健康的管理对策是什么？

6.2.2　河湖健康定义与内涵

河湖健康是指河湖自然生态状况良好，同时具有可持续的社会服务功能。自然生态状况包括河湖的物理、化学和生态三个方面，我们用完整性来表述其良好状况；可持续的社会服务功能是指河湖不仅具有良好的自然生态状况，而且具有可持续为人类社会提供服务的能力。

河湖健康评估是指对河湖系统物理完整性（水文完整性和物理结构完整性）、化学完整性、生物完整性和服务功能完整性以及他们的相互协调性的评价。

6.2.3　评估的技术要求

评估结果能完整准确地描述和反映某一时段河湖的健康水平和整体状况，能够提供现状代表性图案，以判断其适宜程度，为河湖管理提供综合的现状背景资料；评估结果可以提供横向比较的基准，对于不同区域的类似河流，评估结果可用于互相参考比较；评估指标可以长期监测和评估，能够反映河流健康状况随时间的变化趋势；尤其是通过对比，评估管理行为的有效性。

通过河湖评估，能够识别河湖所承受的压力和影响，对河湖内各类生态系统的生物物理状况和人类胁迫进行监测和评估，寻求自然、人为压力与河流系统健康变化之间的关系，以探求河流健康受损的原因。

能够定期为政府决策、科研及公众要求等提供河湖健康现状、变化及趋势的统计总结和解释报告，以便识别在河湖系统框架下合理的河湖综合开发和管理活动。

6.2.4　评估的指标选择原则

（1）科学认知原则。基于现有的科学认知，可以基本判断其变化驱动成因的评估指标。

（2）数据获得原则。评估数据可以在现有监测统计成果的基础上进行收集整理，或采用合理（时间和经费）的补充监测手段可以获取的指标。

（3）评估标准原则。基于现有成熟或易于接受的方法，可以制定相对严谨的评估标准的评估指标。

（4）相对独立原则。选择评估指标内涵不存在明显的重复。

6.2.5 评估的指标体系

河湖健康评估指标体系采用目标层（河湖健康状况）、准则层和指标层 3 级体系，如表 6-1、表 6-2 所示。

表 6-1　河流健康评估指标体系表

目标层	准则层	河流指标层	代码	指标选择
河流健康	水文水资源（HD）	流量过程变异程度	FD	必选
		生态流量保障程度	EF	必选
		流域自选指标		
	物理结构（PF）	河岸带状况	RS	必选
		河流连通阻隔状况	RC	必选
		天然湿地保留率	NWL	
		流域自选指标		
	水质（WQ）	水温变异状况	WT	
		DO 水质状况	DO	必选
		耗氧有机污染状况	OCP	必选
		重金属污染状况	HMP	
		流域自选指标		
	生物（AL）	大型无脊椎动物生物完整性指数	BMIBI	必选
		鱼类生物损失指数	FOE	必选
		流域自选指标		
	社会服务功能（SS）	水功能区达标指标	WFZ	必选
		水资源开发利用指标	WRU	必选
		防洪指标	FLD	必选
		公众满意度指标	PP	必选
		流域自选指标		

表 6-2　湖泊健康评估指标体系表

目标层	准则层	指标层	代码	指标选择
湖泊健康	水文水资源（HD）	最低生态水位满足状况	ML	必选
		入湖流量变异程度	IFD	必选
		流域自选指标		
	物理结构（PF）	河湖连通状况	RFC	必选
		湖泊萎缩状况	ASR	必选
		湖滨带状况	RS	必选
		流域自选指标		
	水质（WQ）	溶解氧水质状况	DO	必选
		耗氧有机污染状况	OCP	必选
		富营养状况	EU	必选
		流域自选指标		
	生物（AL）	浮游植物数量	PHP	必选
		浮游动物生物损失指数	ZOE	
		大型水生植物覆盖度	MPC	必选
		大型底栖无脊椎动物生物完整性指数	MIB	
		鱼类生物损失指数	FOE	必选
		流域自选指标		
	社会服务功能（SS）	水功能区达标指标	WFZ	必选
		水资源开发利用指标	WRU	必选
		防洪指标	FLD	必选
		公众满意度指标	PP	必选
		流域自选指标		

　　准则层包括水文完整性、物理结构完整性、化学完整性、生物完整性和服务功能完整性 5 个方面。

　　指标层包括全国基本指标和各流域根据流域特点增加的指标。

6.2.6　评估基准

　　河湖健康评估需在生态分区和河流分类基础上先确定基准状况。基准状况分为 4 类（如表 6-3 所示）。

表 6-3 河湖健康评估基准情景表

参照状况	说明	特征
最小干扰状态（MDC）	无显著人类活动干扰条件下	考虑自然变动、随时间变化小
历史状态（HC）	某一历史状态	有多种可能，可以根据需要选择某个时间节点
最低干扰状态（LDC）	区域范围内现有最佳状态，也即区域内最佳的样板河段	具有区域差异，随着河道退化或生态恢复可能随时间变化
可达到的最佳状态（BAC）	通过合理有效的管理调控等可达到的最佳状况，也即期望状态	主要取决于人类活动对区域的干扰水平。BAC 不应超越 MDC，但也不应劣于 LDC

6.2.7 评估方法

河湖健康评估采用分级指标评分法，逐级加权，综合评分，即河湖健康指数（RaLHI，River and Lake Health Index）。河湖健康分为 5 级（见表 6-4）：理想状况、健康、亚健康、不健康、病态，河湖健康等级、类型、颜色代码如下表。

表 6-4 河湖健康评估分级表

等级	类型	颜色	赋分范围	说明
1	理想状况	蓝	80～100	接近参考状况或预期目标
2	健康	绿	60～80	与参考状况或预期目标有较小差异
3	亚健康	黄	40～60	与参考状况或预期目标有中度差异
4	不健康	橙	20～40	与参考状况或预期目标有较大差异
5	病态	红	0～20	与参考状况或预期目标有显著差异

第 7 章　河流生态修复工程案例

7.1　美国密苏里河的自然化工程

密苏里河起源于美国西北部的怀俄明州。河流流向东方和东南方，沿途经过 7 个州，在圣路易斯附近汇入密西西比河，全长 2341km。其流域面积 137.3km²，覆盖了大约 1/7 的美国国土面积。

在 20 世纪初，密苏里河还保留许多自然河流的特点，到了 20 世纪末，密苏里河生态系统发生了重大变化。与百年前的自然河流大相径庭，甚至可以说已经变成了另外一条河流。引起变化的原因包括：1800 年后期河道周围树木的砍伐，外来鱼种的引进；1900 年初期为航运目的对河道的整治；自 1930 年开始在干流建设大坝，至今共 75 座；土地利用方式的改变，包括城市化、农业、交通等基础设施的建设，人口增长等。由于大坝对于水流的调整，原来水文周期变化特征在大部分流域已经消失。由于裁弯取直、筑坝、渠道化等工程，使河流的蜿蜒性降低。密苏里河在 1895 年全长为 2546km，到 2001 年为 2341km。目前已经有 735km 的河道进行了渠道化，约占为全长的 1/3。河流横断面趋于单一化，大部分是梯形断面。原始河流的深潭、沙洲和滩区支岔都已消失。河流被束缚在统一的渠道化的河道中。大部分泥沙在上游水库淤积，河道泥沙输送量大为降低。由于堤防的修建，使水流无法溢出到边滩和洪泛区，堤防隔断了河道与洪泛区的联系。大约 121 万 hm^2 的天然河边和洪泛区栖息地发生改变。生态群落多样性明显下降。植被方面，由于农田的扩张和水库蓄水，洪泛区曾经茂密的白杨大部分消失，洪泛区的植被面积进一步缩小。原来生活在干流的 67 种本土鱼类，有 51 种已经列为稀有鱼类，目前还在进一步减少。在未渠道化的河段，水底无脊椎动物的生物量已经降低了 70%，外来鱼类其种类已经超过乡土种鱼类。河流生态系统的改变也降低了系统的服务功能。如水质净化功能、空气净化功能，减少了自然产品如木材、药材的供给等。

　　1997 年美国地理调查署的报告中对于密苏里河的自然植被、鱼类、水质等进行广泛的调查。制定了包括上中下游、干流与支流、洪泛区在内的河流恢复行动规划，而实施计划则选择在重点河段内进行。由于河流上中下游生境的异质性，密苏里河的生态恢复规划进行了河流分段，按照 4 种类型共划分了 19 个单元。这 4 种类型包括水库段、未渠道化段、渠道化段及水库之间段。从 1970 年起由美国陆军工程师团开展生物栖息地的监测，并采取措施对于濒危鱼类进行保护。1986 年开始的水资源发展行动（WRDA 86），授权陆军工程师团在密苏里河实施生物栖息地建设，计划在 2006 年完成，耗资 8000 万美元。至今已经有 8 处栖息地得到恢复和保护，另外正在进行中的有 9 处。1999 年美国国会授权在 35 年内征地 $48000hm^2$，构建生物栖息地，耗资大约 7.5 亿美元，主要工程是恢复河流的蜿蜒性，加大滩地岔流的流量和发展死水区域，安装泵站和构建栖息地。

7.2　美国基西米河的生态修复

基西米河（Kissimmee River）的生态恢复工程是美国迄今为止规模最大的河流恢复工程，从规划论证阶段至今已经经历 20 余年。它也是按照生态系统整体恢复理念设计的工程．从 20 世纪 70 年代开始科学工作者就对基西米河渠道化工程引起生态系统的退化进行了长期的观测研究，同时组织了论证与评估，研究如何采取工程措施和管理措施对于河流生态系统进行修复。自 1984 年开始进行试验性建设，1998 年正式开工，工程将延续到 2010 年结束。

（1）改造前基西米河的自然状况

美国基西米河位于佛罗里达州中部，由基西米湖流出，向南注入美国第二大淡水湖——奥基乔比湖。全长 166km，流域面积 7800km²；流域内包括有 26 个湖泊；河流洪泛区长 90km，宽 1.5～3km，还有 20 个支流沼泽，流域内湿地面积 18000hm²。

历史上的基西米河地貌形态是多样的。从纵向看，河流的纵坡降为 0.00007，是一条辫状蜿蜒型的河流。从横断面形状看，无论是冲刷河段或是淤积河段，河流横断面都具有不同的形状，如图 7-1 所示。在蜿蜒段内侧形成沙洲或死水潭和泥沼等，这些水潭和泥沼内的大量有机淤积物成为生物良好的生境条件。原有自然河流提供的湿地生境，其能力可支持 300 多种鱼类和野生动物种群栖息。这些生物资源的多样性是由流域水文条件和河流地貌多样性提供的。

在 20 世纪 50 年代建设堤防以前，由于平原地貌特征及没有沿河的天然的河滩阶地，河道与洪泛区（包括泥沼、死水潭和湿地）之间具有良好的水流侧向联通性。洪泛区是鱼类和无脊椎动物良好的栖息地，是产卵、觅食和幼鱼成长的场所。在汛期干流洪水漫溢到泛洪区，干流与河汊、水潭和泥沼相互联通，小鱼游到泛洪区避难。小鱼、无脊椎动物在退水时从洪泛区进于流。另外，原有河道植被茂盛，植被的遮阴对于融解氧的温度效应起缓冲作用。

图 7-1　1961 年渠道化之前的基西米河

在对河流进行人工改造之前，河流的水文条件基本上是自然状态的。年内的水量丰枯变化形成了脉冲式的生境条件。据水文资料统计，平均流量从上游的 $33m^3/s$ 到河口的 $54m^3/s$。历史记录最大洪水为 $487m^3/s$，平均流速为 0.42m/s。在流量达到 $40\sim57m^3/s$ 河流溢流漫滩时，流速不超过 0.6m/s。

在人工改造前，洪水在通过茂密的湿地植被时流速变缓，又由于纵坡缓加之蜿蜒性河道等因素，导致行洪缓慢。退水时水流归槽的时间也相应延长。在历史记录中有 76% 的年份中，有 77% 面积的洪泛区被淹没。退水时水位下降速率较慢，小于 0.03m/d。每年的洪水期，各种淡水生物有足够的时间和机会进行物质交换和能量传递。洪水漫溢后，各种有机物随着泥沙沉淀在洪泛区里，为生物留下了丰富的养分。

由于河流地貌形态的多样性和近于自然的水文条件，为河流生物群落多样性提供了基本条件。原有自然河流提供的湿地生境，其能力可支持 300 多种鱼类和野生动物种群栖息。

（2）水利工程对生态系统的胁迫

为促进佛罗里达州农业的发展，1962 年到 1971 年期间对在基西米河流上兴建了一批水利工程。这些工程的目的：一是通过兴建泄洪新河及构筑堤防提高流域的防洪能力；二是通过排水工程开发耕地。工程包括挖掘了一条 90km 长的 C-38 号泄洪运河以代替天然河流，运河为直线型，横断面为梯形，尺寸为深 9m、宽 64～105m。运河设计过流能力为 672m³/s。另外，建设了 6 座水闸以控制水流。同时，大约 2/3 的洪泛区湿地经排水改造。这样，直线型的人工运河取代了原来 109km 具有蜿蜒性的自然河道。连续的基西米河就被分割为若干非连续的阶梯水库，同时，农田面积的扩大造成湿地面积的缩小。

从 1976—1983 年，进行了历时 7 年的研究。在此基础上对于水利工程对基西米河生态系统的影响进行了重新评估。评估结果认为水利工程对生物栖息地造成了严重破坏。主要表现在以下方面：自然河流的渠道化使生境单调化；水流侧向联通性受到阻隔；溶解氧模式变化造成生物退化；通过水闸人工调节，使流量均一化，改变了原来脉冲式的自然水文周期变化；原有河道的退化。以上这些综合结果是生境质量的大幅度降低。据统计，保存下来的天然河道的鱼类和野生动物栖息地数量减少了 40%。人工开挖的 C-38 运河，其栖息地数量比历史自然河道减少了 67%。其结果是生物群落多样性的大幅度下降。据调查，导致减少了 92% 的过冬水鸟，鱼类种群数量也大幅度下降。

（3）河流恢复工程

基西米河被渠道化建成以后引起的河流生态系统退化的现象引起了社会的普遍关注。自 1976 年开始对于重建河道生物栖息地进行了规划和评估，经过 7 年的研究工作，提出了基西米河的被渠道化河道的恢复工程规划报告，并经佛罗里达州议会作为法案审查批准。规划提出的工程任务是重建自然河道和恢复自然水文过程，将恢复包括宽叶林沼泽地、草地和湿地等多种生物栖息地，最终目的是恢复洪泛平原的整个生态系统（见图 7-2）。为进行工程准备，1983 年州政府征购了河流洪泛平原的大部分私人土地。

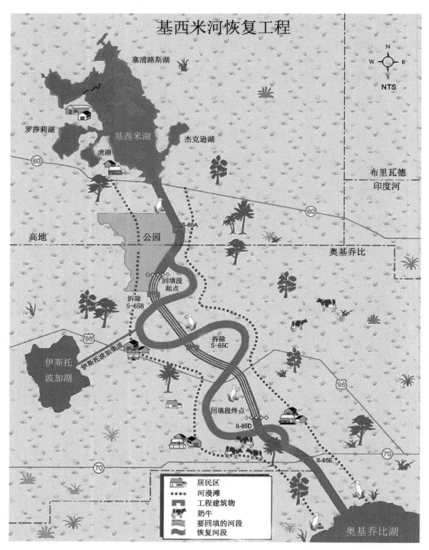

图 7-2　基西米河生态修复工程规划布置图

在工程的预备阶段，于 1984—1989 年开展了科研工作，重点是研究回填人工运河的稳定性以及对于满足地方水资源的需求问题，采用一维及二维数学模型分析和模型试验相结合的研究方法。模型试验采用的模型尺寸为 0.6m 和 3.7m 宽的水槽，垂直比尺为 1:40，水平比尺为 1:60，为定床试验，模拟范围为人工运河、原有保留河道和洪泛平原。模型试验结果与现场河道控制泄流试验（最大流量为 280m³/s）的实测数据相对照。

1）试验工程

1984－1989 年开展的试验工程位于河段 B，为一条长 19.5km 的渠道化运河。重点工程是在人工运河中建设一座钢板桩堰，将运河拦腰截断，迫使水流重新流入原自然河道，如图 7-3 所示。示范工程还包括重建水流季节性波动变化，以及重建洪泛平原的排水系统，同时还布置了生物监测系统，评估恢复工程对于生物资源的影响。

图 7-3　钢板桩堰

对于钢板桩堰运行情况进行了观测。观测资料表明，一方面水流重新流入原来自然河道达 9km，使河流地貌发生了一定程度的有利变化。但是，钢板桩堰建成后，在附近的河道水力梯度比历史记录值高 5 倍，在大流量泄流期间，测量的流速为 0.9m/s，这样的高能量水流对河床具有较强的冲蚀能力。另外，在示范工程区域内，退水时水位每天下降速率超过 0.2m/d，淹没的洪泛区排水时间为 2～7 天。地表水和地下水急剧回流，水中的溶解氧水平很低，导致大量鱼类因缺氧而死亡。为此又进行了模型试验研究，最后的结论是：仅仅用钢板桩堰拦断人工运河还是不够的，需要连续长距离回填人工运河。最终方案是连续回填 C-38 号运河共 38km，拆除 2 座水闸，重新开挖 14km 原有河道。回填材料用原来疏浚的材料，运河回填高度为恢复到运河建设前的地面高程。同时，重新连接 24km 原有河流，恢复 35000hm² 原有洪泛区，实施新的水源放水制度，恢复季节性水流波动和重建类似自然河流的水文条件。

2）第一期工程

从 1998 年开始第一期主体工程，包括连续回填 C-38 号运河共 38km。重建类似于历史的水文条件，扩大蓄滞洪区，减轻洪水灾害。至 2001 年 2 月，由地方管区和美国陆军工程师团已经完成了第一阶段的重建工程。在运河回填后，开挖了新的河道以重新联结原有自然河道。这些新开挖的河道完全复制原有河道的形态，包括长度、断面面积、断面形状、纵坡降、河湾数目、河湾半径、自然坡度控制以及河岸形状。建设中又加强了干流与洪泛区的联通性。为鱼类和野生动物提供了丰富的栖息地。2001 年 6 月恢复了河流的联通性，随着自然河流的恢复，水流在干旱季节流入弯曲的主河道，在多雨季节则溢流进入洪泛区。恢复的河流将季节性地淹没洪泛区，恢复了基西米河湿地。这些措施已引起河道洪泛区栖息地物理、化学和生物的重大变化，提高了溶解氧的水平，改善了鱼类生存条件。重建宽叶林沼泽栖息地，使涉水禽和水鸟可以充分利用洪泛区湿地。

3）第二期工程

计划在 21 世纪前 10 年进行更大规模的生态工程，重新开挖 14.4km 的河道和恢复 300 多种野生生物的栖息地。恢复 10360hm² 的洪泛区和沼泽地，过滤营养物质，为奥基乔比湖和下游河口及沼泽地生态系统提供优良水质。

4）河流廊道生态恢复监测与评估

在工程的预备阶段，就布置了完整的生物监测系统。在收集大量监测资料的基础上，对于生态恢复工程的成效进行评估，目的是判断达到期望目标的程度。该项工程制订了评估的定量标准。以 60 分为期望值，各个因子分别为：栖息地特性（含地貌、水文和水质）占 12 分，湿地植物占 10 分，基础食物（含浮游植物、水生附着物和无脊椎动物等）占 13 分，鱼类和野生动物占 25 分。随着自然河流的恢复，水流在干旱季节流入弯曲的主河道，在多雨季节水流漫溢进入洪泛区。恢复的河流将季节性地淹没洪泛区，恢复了基西米河湿地，许多鱼类、鸟类和两栖动物重新回到原来居住的家园。近年来的监测结果表明，原有自然河道中过度繁殖的植物得到控制，新沙洲有所发展，创造了多样的栖息地。水中溶解氧水平得到提高，恢复了洪泛区阔叶林沼泽地，扩大了死水区。许多已经匿迹的鸟类又重新返回基西米河。科学家已证实该地区鸟类数量增长了三倍，水质得到了明显改善。

7.3　英国和丹麦河流恢复工程

在过去十几年间，欧洲也实施了一批较大尺度的河漫滩恢复工程。其中工程记录和监测资料较为完整的几个工程是英国和丹麦的 Brede 河、Cole 河和 Skerne 河，这是欧洲－生命（EU-LIFE）示范工程项目的一部分，Cole 河修复工程示意图如图 7-4 所示。两个乡村河段，一个城市河段被重新建设，以恢复河道的蜿蜒性、河漫滩连通性和功能。工程记录资料包括工程实施前、实施期间以及实施后河段（2～3km 长）的物理、化学和生物完整性。工程主要内容包括渠道化结构的拆除，根据河流历史情况重建其蜿蜒形态，横断面地貌特征的重建，阶地和堤防后退工程建设，利用柔性护坡（Light Revetments）和生态工程技术（bioengineering）进行河岸加固等。监测结果表明，示范项目实现了河流生态修复目标，并超出了预期效果。通过减少平滩水位下的河道过流能力、降低河道坡降和河岸高程、提高河床高程，所有工程位置区的河漫滩连通性和洪水频率均得以提高。河漫滩水文连通性的恢复促进了河漫滩泥沙淤积和营养物质（如磷和铁）的保持。随着洪水频率和淹没持续时间的增加，洪水储藏量得到提高。工程实施前后，下游水位变化不大，但降低了洪峰水位。正如所预期的那样，工程建设完成后，栖息地的地貌多样性大大提高。所形成的深潭一浅滩序列增加了河床泥沙和栖息地单元的异质性。工程的长期监测资料将进一步揭示河岸带生物群落通过演替对修复工程的反应。

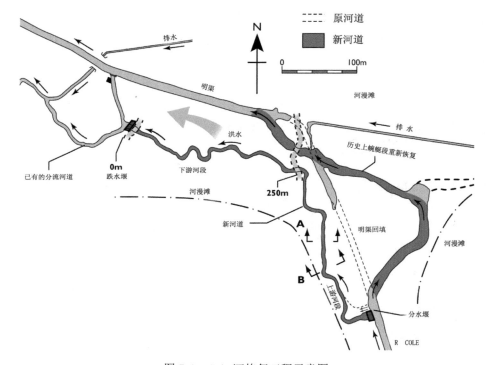

图 7-4　Cole 河修复工程示意图

7.4　巴西伊泰普水电站鱼道

伊泰普水电站是目前世界上仅次于三峡水电站的第二大水电站，位于巴拉那河流经巴西与巴拉圭两国边境的河段，历时 16 年，耗资 170 多亿美元，于 1991 年 5 月建成。伊泰普水电站坝址控制流域面积 82 万 km²，大坝全长 7744m，高 196m，库面积 1350km，电站总库容 290 亿 m^3，多年平均流量 8500m^3/s，电站安装了 20 台 70 万 kW 混流式水轮发电机组，总装机容量 1400 万 kW，年发电量达 750 亿 kW·h。由于伊泰普水电站的建设，鱼类繁殖与觅食性洄游受到严重阻碍，洄游鱼类产卵区缩小，对洄游鱼类繁殖周期造成有害的影响。为解决鱼类洄游问题，巴西于 2002 年年底建成了全世界最长的鱼道——da Piracema 水道（见图 7-5）。鱼道上下游水头差 120m，总长度约 10km，是目前世界上最长的鱼道。

图 7-5　伊泰普水电站鱼道平面图

　　为寻求适宜的鱼道方案，结合大坝附近的地形条件，管理部门专门建立了一个有 25 级台阶，长 78.3m、高 10.8m 的鱼道试验模型，对鱼种产卵和孵化的理想水速、洄游能力、洄游过程中的能量消耗、洄游速度、鱼的跃进能力和游动动力以及洄游过程中鱼种的病因、鱼道中水的最大流速与最小流速进行测定，为鱼道建设提供了全面的基础数据。

　　鱼道主要包括仿自然鱼道、鱼道和人工水池，并设置了 11 个闸门控制鱼道内水流。鱼道进口位于伊泰普大坝以下 2.5km 巴拉那河左岸与 Bela Vista 河交汇处，然后进入 Bela Vista 河道（巴拉那河支流）形成的自然鱼道，河宽 4～6m，深 0.5～2.0m，总长度约 6.7km，平均坡度 4.0%。其后为 800m 长的 Brasília 溪，宽 5m，水深 0.5～1.0m。接下来是称为 CABV 的混凝土结构的狭槽式鱼道，长度为 150.5m，坡度 6.25%，池室宽 5m，高 2.5m，每隔 4m 设置挡板，以减少水的流速，狭槽开度为 1m，交替设置在每个障碍的左右两侧。da Piracema 水道的核心构成是 LAIN（面积 1.2 万 m^2，水深 4m）和 LAPR（面积 14 万 m^2，水深 5m）两个人工池，是洄游鱼类的休息区。LAIN 在 CABV 鱼道上游，并由长 521m 的鱼梯（简称 CAIN）与 LAPR 相连。LAPR 后是长 1.6km 的人工梯形断面鱼道（简称 CAAT），建在垃圾填埋场上，最大宽度 12m，底部坡度分别为前端 3.1%，中间 2.0%，最后部分 0.8%。其后为面积 0.5 万 m^2，深 3m 的人工池（简称 LAGR），人工池上游侧为长度 2.4km 的鱼道（简称 CATR），鱼道断面为梯形，底宽 8m，岸坡为 2:3，底部坡度分别为前端 0.5%，中间 0.7%，最后部分 0.5%，其底部和两侧水位以下覆盖不规则形抛石，以降低流速与水位。最后一部分是鱼道出口（简称 DIRE），由取水口和稳定塘组成。取水口和稳定塘的平均水深 3.3m，面积 0.4 万 m^2，DIRE 由 3 个高 2.0m 的闸门组成，保持稳定塘的最高水位在伊泰普水库表面水位的 0.45m 以下，以限制沿运河取水闸处的流速小于 3.0m/s，并满足根据水力计算和模型试验得到的适宜渠道流量为 11.4m^3/s。

有关部门每 3 个月会对鱼道进行一次监测，每 2km 设置一个采样点，监测整条鱼道中的水温、水质和鱼类生活情况。根据 2002—2010 年观测数据，有 135 种鱼类从该鱼道通过，其中 40 种为洄游鱼类（Fernandez，2010）。伊泰普水电站鱼道已成为水电站洄游鱼类保护的范例（见图 7-6）。

图 7-6　伊泰普水电站鱼道局部航拍图

7.5　武汉大东湖生态水网建设

大东湖地区位于武汉市中部，长江以南，龟蛇山系以北。历史上大东湖水系与长江相连，直到上世纪初河湖连通被阻隔。近年来，随着武汉市经济社会的快速发展，大东湖地区水质恶化严重，湖泊环境保护形势严峻。2005 年，武汉市启动了大东湖生态水网构建规划编制论证工作。

大东湖生态水网是以东湖为中心，将沙湖、杨春湖、严西湖、严东湖、北湖等主要湖泊连通，从长江引水，实现江湖连通。引水主线采取青山港和曾家巷双进水口水网连通方案，同时布置 4 条循环支线。水网连通后，两闸多年平均合计可引水量 2.49 亿 m³，引水天数 92.9 天；设计枯水年可引水量 1.50 亿 m³，引水天数 60 天。

生态水网的建设使得大东湖重新建立起有序的河湖连通水循环体系，6 湖共 60.12km² 水面的水环境将得到改善，加之 273.6km 湖岸线、18 条共 48.53km

港渠生态治理，形成纵横交错的绿化带，为武汉经济社会发展创造良好的环境。同时，项目区作为武汉市城区应急水源地保护区，通过水网连通治理，使大东湖的水质达到水源地的水质标准，保障武汉市的饮水安全。规划中防范的风险包括湖泊底泥污染物释放和血吸虫病传播等。

7.6 浙江海宁市河流生态修复示范工程

结合水利部科技创新项目和科技成果推广项目的实施，中国水利水电科学研究院、浙江省水利厅和地方水利部门合作，于2004—2005年在海宁市辛江塘进行河流生态修复示范工程建设。

辛江塘的治理首先要满足防洪和供水需求，河道过流能力按照50年一遇设计，通过上填（安全带）、下挖（河底）和边拓（上口）的方式使河道达到防洪和供水标准。通过控制污水排放改善河流水质。应用工程措施和非工程措施减少水土流失，减少河流泥沙含量。结合传统的河道加固设计，适当引入本土植物，营建多样性栖息地环境。通过种植不同植物，优化其分布，改善河道周边景观，提高审美情趣。

河道治理规划设计中，根据辛江塘不同河段的功能要求，分为基本功能河段、兼顾城镇建设功能河段、兼顾通航功能河段、具有饮用水源保护区功能河段，进行治理方案的统一规划和实施。河流形态的规划设计基本保持现有河道平面形态，特殊地段局部调整河线。拆除阻水建筑物，以满足河道排涝泄洪过水和抗旱引水要求。河道随弯则弯，宜宽则宽，并增设河滩和岸边湿地等。在满足河道功能的前提下，尽可能保持辛江塘天然断面。在保持天然河道断面有困难时，按复式断面、梯形断面、矩形断面的顺序选择。辛江塘大部分河段可用天然河道断面，在通过主要集镇时采用梯形、矩形断面。原有老护岸通过顶部种植植物进行覆盖，为水域提供遮阴，调节河流局部水温。在治理规划中，还保留了一些河边静水区和湿地，营建多样性水域栖息地环境，使之具有不同的水深、流场和流速，适于不同生物发育和生长需求。在辛江塘建设中，还尽量做到水土保持措施与"国家级生态示范市"建设相结合、与安全带植物绿化相结合、与环境整治相结合；淤泥堆放与肥田相结合；主干河道与交叉河道定位相结合；河道用地和借地相结合。

岸坡植被是河流整治的中心环节之一，也是辛江塘与传统河道治理模式最主要的区别。辛江塘河道为平原河网水系，平时水流流速较缓，且河道通航功能在逐渐消退。岸坡侵蚀主要原因是水位变动区以上部分雨水冲刷引起表层土流失和水位变动区处波浪淘刷造成边坡坍塌。据初步统计，河道淤积中约60%为边坡崩塌，约30%为表层土流失、约10%为动植物腐烂物。因此在水位变动区，在浅水处交叉错开布置能耐水淹的本土水杉或池杉，用"活木桩"代替"死木桩"，稳固堤岸。同时通过植物移植，可搭载很多微生物。流水处用野生茭白、香蒲等缓冲水流，加之其枝叶柔韧，顺应水流，增加防洪护堤能力。在水位变动区以上部分整齐或自然种植乔、灌等树木。同时考虑树木生长有一定年限，过渡期间需种植水生草本、地被等复式植物群落，减弱表面雨水冲刷，使水土流失在可承受范围内（可减少70%左右）。

河道植物的选择以辛江塘和邻近河道自然植被的植物种类为主体，如杉类、松类、竹类、桑、栾树、椿类等。它们经过了自然界适者生存，劣者消亡的过程，最能适应河道边生态环境，且病虫害较少。在河道常水位线以下种植水生植物，它的功能主要是净化水质和为水生动物提供食物和栖息场所。沉水植物、浮水植物、挺水植物按其生态习性混合种植和块状种植相结合。控制高干和蔓延快的植物（如芦苇等）种植。在常水位至洪水位的区域下部以种植湿生植物为主，上部以中生但能短时间耐水淹植物为主。从物种多样性要求出发，进行植物配置，种植多年生草本、灌木和乔木树种（如水杉、垂柳、落羽杉、枫杨等），做到上下有层次，左右相连接。洪水位线以上河段植物群落物种配置丰富多彩（辛江塘河道共有七个不同植物水保实施方案），配有占总量 50%~60%的常绿树种，弥补洪水位线以下植物冬天的萧条，以增加河道观赏性。

工程治理后的监测结果说明，辛江塘水质大为改善，水葫芦减少。青蛙、鱼类等水生动物数量明显丰富。野兔、鸟类等进出频繁，河道边的林带更是成了诸多白鹭的栖息地。另外，水生植物基本沿河道两侧均衡生长，灌木、树根等降低了暴雨对土层的冲蚀，野草对坡面流水也有过滤作用，提高了排入河道内水的质量。另外，通过对历史治河成果的观察、分析及比较，只进行清淤措施的河道的使用周期大约为 10~20 年,而清淤与利用生态工程技术进行岸坡防护相结合，能有效稳定河道形态，其生命周期预计约为 35~40 年，延长近一倍。而且，今后的治理工作重点是清淤，从而可以节约工程投资，使河道的治理走上一条良性循环之路。从辛江塘建设的一次性投入来看，节省投资效益明显。在三个相当规模（麻泾港、绵长港、辛江塘）的工程中，传统景观河道的两个项目工程投资分别是 104.46 万元/km 和 163.51 万元/km，而按照生态修复理念建设的河道工程投资为 81.21 万元/km。对于辛江塘整治工程，如按原传统模式，河道整治费用将超过 7000 万元，而采用目前整治方案后，费用仅为 4300 万元。由此可见，生态河道建设节约投资的优势相当明显。

7.7 重庆市苦溪河生态治理

重庆市苦溪河生态治理是中国水科院与重庆市水利局共同完成的合作项目，是生态水工研究方面的一次有效的工程实践。

1. 概况

苦溪河发源于重庆市巴南区，全长 38.25km，流域面积 81.98km²，由南向北贯穿茶园新区流入长江。有跳蹬河、拦马河（鸡公嘴河）、梨子园河等支流汇入。流域内现有雷家桥水库、百步梯水库、木耳厂水库、踏水桥水库、石塔水库和团结湖等水利设施，竣工于 20 世纪七八十年代，总库容约 465 万 m³，主要为农业灌溉和城乡供水，茶园新区水系图如图 7-7 所示。

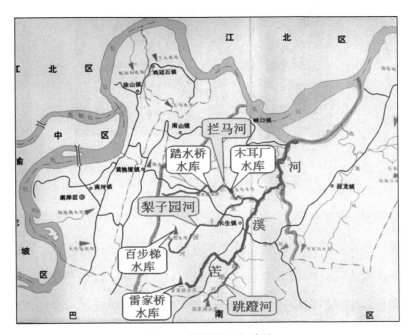

图 7-7　茶园新区水系图

苦溪河治理前的状况如图 7-8 所示。

（a）上游段的自然湍流瀑布

（b）上游段河道原状（董哲仁 摄）

图 7-8　苦溪河治理前状况

（c）中游段的长生桥镇

图 7-8　苦溪河治理前状况（续图）

2．规划指导思想

在规划初期，曾经作过景观概念性设计，按照这个景观设计，苦溪河将改造成一条高度人工化的城市河流，通过反复讨论研究，对于苦溪河生态治理作了重新定位，明确生态治理的目标是运用生态水工学的理念，通过合理的规划设计，在防洪保安的前提下确保流域内完善的水循环系统，恢复河流生态系统的结构与功能，提高河流生境及生物群落的多样性，建设一条生态健康的河流。同时，挖掘河流地域文化特色，形成城市中富有情趣的水域空间，创造优美的人居环境。

3．工程总体布置

（1）岸线布置

岸线方案具有以下特点：基本保留了河流的自然形态，避免了河流形态的直线化、规则化问题，使其蜿蜒性得以延续；河流两岸岸坡距离宽窄相间，由整治前的 10～30m 变为 40～300m；为湿地、河湾、急流和浅滩的保留和营建创造了条件。

（2）沿河建筑物

考虑到苦溪河多年平均流量较小，纵坡较陡的特点，设置壅水堰成为工程实现河流形态多样性的关键措施。根据地形地质条件，在桩号 3+115、3+925、4+180、5+740 处，布置了踏水桥、胜利桥、陡坎、汪家石塔四级壅水堰，陡坎堰下接陡槽。将这四级低堰分别打造为争艳水帘（堰后坡为多级跌水）、茶园银滩（堰后坡为 1:5 缓坡）、石上清泉（堰后接天然陡槽）和迎宾瀑布（堰后坡设观景廊道）。通过壅水堰的设置，一方面将窄深式河道变得宽阔，增加水景；另一方面形成急流与浅滩相间、跌水与瀑布相映的景观，并增加曝气作用以加大水体中的含氧量。

　　沿河选择地形地质条件适宜的地方布置 3 处亲水平台，总面积 9540m²，以加强亲水性；在壅水堰下设置了卵石带，总面积 3300m²，以加强对河水污染物的降解作用，增加枯期景观效果；还布置了 10 处湿地，总面积 27940m²；1 处荷塘，面积 1540m²；为开发旅游资源，还在壅水堰形成的水域中建设"日月双岛"，总面积 26490m²。苦溪河生态治理工程的总体布置示意图如图 7-9 所示。

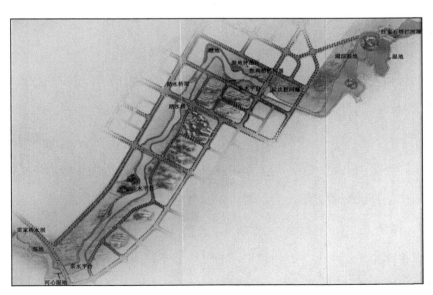

图 7-9　苦溪河生态治理工程总体布置示意图

（3）河道纵横断面设计

　　河道断面的多样性和河流连通性是河道纵横断面设计研究的重点内容，尽可能保持自然状态和少用生硬的工程措施是实现连通性和多样性的关键。

1）纵断面

苦溪河整治段的纵断面设计，完全保留了建堰壅水后的深潭与浅滩相间的自然状态，既避免了河道的规则化与平坦化，又节约了工程投资。

2）横断面

在横断面的设计中，采用亲水性较好的复合断面型式，濒岸坡设计中尽可能利用自然岸坡，以保持岸坡的多样性；人工边坡采用缓坡设计，结合边坡稳定和亲水性两方面的要求来确定坡比，土质和平场弃渣堆积边坡为 1:3.5，岩质岸坡视岩性及风化程度取 1:1.5～1:2.0；自然坡比大于上述坡比的保持自然坡比，以增加人与自然的亲和性。在苦溪河整治段的河岸中，自然岸坡占 15%；削为缓坡的占 29%；较陡的岩质边坡仅占 2.3%；其余多为填筑堤体。填筑堤体尽可能不用刚性材料，如砼和浆砌石等，如果局部地段因堤体稳定需要必须采用刚性材料（或利用原建挡墙）时，将其高程控制在一级马道以下。

（4）护坡设计

为保持河流的横向连通性，保证水、土、气的通透，岸坡防护必须采用通透性的材料。通过近岸流速分析，本工程可全部采用通透性材料。综合考虑抗冲性能与工程造价，按一定频率（本工程为 5%）洪水位将岸坡沿高程划分为两段，其下采用石笼护垫，其上采用混凝土框格植草。为利于植物生长，在格宾块石中间扦插充填土壤，表层覆耕作土并撒播草籽。

4．结语

在重庆市苦溪河的生态治理中，通过岸线布置、沿河建（构）筑物布置、河流纵横断面设计、护坡工程措施等方面解决了河流形态多样性、河道蜿蜒性、断面形状多样性以及横向连通性等问题，初步实现了提高河流生境及生物群落多样性，促进人水和谐的工程目标。

（资料来源：赵进勇等 重庆市苦溪河生态治理的实践）

7.8　北京市转河恢复工程

　　转河的起点为西直门外高粱桥，终点为北护城河的起点，全长 3.7 km。在 1975－1982 年间这一段河道被填埋。2002 年始进行转河整治工程建设，恢复其历史原貌。（邓卓智，2004）该工程建设目标包括防洪、排水、通航，突出改善河道景观，为本地居民提供一个优良的休闲娱乐环境，并发展旅游业。

　　防洪排水标准按 20 年一遇洪水设计，100 年一遇洪水校核。河道整治要求严格控制污水排放，并扩大水面，水面宽度为 15～25m。为了发展旅游，本河段全线通航。为此，新建船闸 1 座、桥梁 13 座、码头 2 座、补水闸 1 座。规划设计的指导思想是人水和谐，尊重自然。设计河流平面形态的原则是宜宽则宽，宜弯则弯，提高河流生境的空间异质性。在河道管理范围内形成历史文化园、生态公园、叠石水景、滨水游廊、亲水家园和绿色航道六个景区。在滨水区造成环境宜人的亲水空间。夜景照明的设计绿色节能，避免光污染，通过光、色、影来体现转河悠远宁静、自然宜人的风姿。转河上现存一座建于辽代的古桥——高粱桥为单孔石拱桥。根据市文物部门意见，遵从保留现状，对基础不扰动的原则，完整保留现状高粱桥西侧的水槽、铰关和平台，周围新建箱涵上下游洞口装修成拱型，采用与高粱桥形式相同的砂岩栏杆，更加突出了古高粱桥和长河古道。13 座桥梁做到"一桥一景"。另外河边码头、水榭等均按照自然化的手法绿化。

　　转河整治后，生物多样性水平也有所提高，河道内明显可见到鱼、青蛙等生物物种。植被和人文景观也获得了大多数居民的认可。

7.9　永定河北京城市段生态修复工程

　　永定河是海河北系的一条主要河流，是全国四大重点防洪江河之一，对保障首都安全至关重要。随着永定河流域经济社会的快速发展，用水量不断增加，河道断流，污染排放不断加剧，造成河道水质持续恶化，下游河段河床裸露，加之滥采乱挖，砂坑密布，三家店以下河道成为北京境内五大风沙源之一，河流生态系统退化严重。此外，部分河段防洪安全不达标，依然存在安全隐患。

北京市水利规划设计研究院自 2003 年开始，组建研究、规划、设计团队，针对永定河北京段 170km 的生态恶化问题，编制了《永定河综合治理规划》、完成了《永定河生态构建与修复技术研究与示范》专题研究，制定了《永定河绿色生态走廊建设规划》和《永定河绿色生态发展带综合规划》，编制了《永定河绿色生态发展带绿化专篇》和《永定河生态走廊文化景观保护规划》，在生态治理中保护水文化，在开发中大力弘扬母亲河文化。

规划提出了按照"安全是主线、节水是理念、生态是效果"的思路，融合永定河水生态保护、水资源配置和防洪安全保障三大体系，创新地将永定河建成"一条生态走廊、三段功能分区、六处重点水面、十大主题公园"的空间景观布局。建成自上而下形成溪流—湖泊—湿地连通的健康河流生态系统，实现"有水的河、生态的河、安全的河"。把永定河建成为城市西部绿色生态走廊，服务沿河社会经济发展和生态文明建设。

2010－2013 年，先期设计建设了永定河北京城市段生态修复工程，河段长度 18.4km，把风沙弥漫、满目疮痍的永定河，建成了面积达 837 hm^2 的人水绿共享的大型城市河道公园，即"五湖二线一湿地"——门城湖、莲石湖、园博湖、晓月湖、宛平湖、循环管线、堤内管线、园博湿地工程，实现单一工程治河向功能多样化转变，集防洪、供水、治污、生态、景观、文化、科普教育、示范于一身，唤醒了沉睡已久的北京"母亲河"。

永定河北京城市段生态修复工程建设，实现了规划的防洪标准，工程面积达 837hm^2，最大蓄水面积 399hm^2，绿化面积 351hm^2，配套基础设施 48hm^2，建设无障碍慢行道 42km、专用自行车道 20km 以及大量的综合运动场、栈桥、码头、平台等。形成融入流域文化的生态走廊，可同时满足 24000 人的休闲运动和文化体验的需要，水的生态服务功能价值增值 266 亿元，如图 7-10所示。

工程设置了简单可靠的暴雨洪水预警系统，水来人退，水退人还，每年可有长达 350 天时间全天候地为市民提供河道马拉松、亲水、球类、健步、轮滑、摄影等活动。

首次提出满足防洪要求的河道种植的适宜防洪标准，即"3 草、5 灌、10乔"种植模式——在 3 年洪水位以下以花卉、草本、水生植物为主，3～5 年洪水位以花灌木为主，5～10 年洪水位以小乔木为主，10 年洪水位以上点缀大乔木，很好地解决了防洪与植生之间的矛盾。

景观设施的防洪标准为 3 年一遇洪水，过水后冲洗可继续使用。

本工程经受 2012 年 7 月 21 日特大暴雨的考验，行洪标准达到 5 年一遇，河道行洪后安然无恙。

工程设计研发的新技术有：

- 把干河变为有水河的以再生水为主的水资源高效调配和循环利用；
- 设计建设了亚洲最大的人工湿地，高效净化以再生水为主的水源；
- 利用三维勘测和设计，研发针对国内最大的河道垃圾回填坑就地复式处理技术；
- 适应地基变形和可控制渗漏量的减渗结构设计及其防冲技术；
- 强调河道三向连通的水形和结构布置；
- 研发应用在大型防洪河道上满足行洪要求和体现干湿交替特点的大面积植物配置技术；
- 保证防洪结构安全的里刚外柔的硬质堤防的生态修复；
- 大面积面源污染控制及雨水调蓄和净化；
- 基于水的生态服务价值研究和评价确定生态修复标准。

图 7-10　三向连通、生机勃勃的永定河

7.10　西安浐河城市段生态整治

1. 浐河概况

浐河是灞河的一级支流，发源于秦岭北麓的紫云山，由汤峪河、岱峪河、

库峪河三源组成，出峪后约 3.5km 处三源汇流，称浐河，全长 66.4km，河道宽度在 35～120m 之间，流域面积 752.5km^2，河床平均比降 19.8%。浐河流域多年平均净流量 2.36 亿 m^3，其径流量年际变化大，年内分配不均匀。受上游水土流失及沿线采沙、洗沙影响，浐河河水含沙量较大，多年平均含沙量为 5.66kg/m^3，多年平均输沙量为 131.39 万 t。

浐河城市段位于浐河下游，南起浐灞生态区与长安区交界处，北至浐灞河交汇处，全长约 16.4km。

在浐灞生态区建立之前，浐河处于灞桥、雁塔、未央三个行政区的边界，是城市建设组团间被忽视的灰色地带，长期以来缺乏关注，成为城市的排水、纳污河流。在 2004 年之前，浐河两岸遍布废弃的挖沙场，堆积着数十座垃圾山，每天接纳近 10 万 t 的生产生活污水，是西安市发展落后、污染最重的区域。

2．生态整治工作的主要内容

（1）调水补水、利用再生水，保障河流生态需水量

浐河是典型的山前河流，流域面积小，河床比降大，年内变化明显，生态用水量稍显不足。规划自灞河流域李家河水库向浐河上游荆峪沟调水，增加浐河来水量，为浐河生态环境的进一步改善奠定基础。

（2）保护浐河河流廊道的连续性

浐河河道内的橡胶坝虽然在短期内改善了河道的生态环境，但破坏了水系的连续性，引发了河床的淤积。通过拆除或改建挡水建筑物，保持水流的连续性，恢复河流的输砂能力和水文特性。

在清理淤积的过程中，注意保护现状滩涂湿地，保证滩地的连续性，保证滨河绿地的连续性，与河流滩地共同构成生态缓冲区，减少径流污染。

保护浐河廊道上的大型生态斑块的跳板功能。包括上游的雁鸣湖湿地恢复工程、桃花潭公园提升工程及浐灞和交汇处大片滩涂湿地的保护。

（3）截污净化，保护河流水质，加强生物措施，提升河流自净能力

利用滩地、浅水区，绿化柔化堤坡，建设滨河绿地，构建生态过渡带，截留雨水径流污染；恢复雁鸣湖湿地功能，截留上游污染；建设人工湿地，对污水处理厂排水进行二次处理，改善水质；采用水层循环、人工浮岛等技术，改善橡胶坝库区、桃花西湖、雁鸣湖水质。

其生态修复工程总体布局平面图如图 7-11 所示。

图 7-11 生态修复工程总体布局平面图

结语

　　河湖水系具有自然、社会和经济属性。水生态系统的保护措施包括水域自然地貌特征的保护、自然水文情势的保护、水质保护、重点栖息地保护、物种多样性保护等。水生态系统的修复措施包括生态基流及敏感期生态需水、自然地貌特征修复、水域连通与改造、基于生态保护的水资源优化配置、水污染防治与水质净化、重点栖息地修复、生态工程建设等。因此，水生态保护与修复是一项庞大的系统工程，其科学原理涉及环境工程学、水文学、水动力学、生态工程学、植物学、动物学、微生物学、地貌学、社会学、管理学和经济学等众多学科，还有许多学术难点问题有待进一步解决。

参考文献

[1]   董哲仁. 生态水工学的理论框架[J]. 水利学报，2003（1）：1-6.

[2]   董哲仁. 生态水工学探索[M]. 北京：中国水利水电出版社，2007.

[3]   董哲仁，孙东亚. 生态水利工程原理与技术[M]. 北京：中国水利水电出版社，2007.

[4]   董哲仁等. 河流生态修复[M]. 北京：中国水利水电出版社，2013.

[5]   周怀东等. 多自然型河流建设的施工方法及要点[M]. 北京：中国水利水电出版社，2003.

[6]   周怀东，彭文启. 水污染与水环境修复[M]. 北京：化学工业出版社，2005.

[7]   周怀东，廖文根，彭文启. 水环境研究的回顾与展望[J]. 中国水利水电科学研究院学报，2008，6（3）.

[8]   朱党生. 水利水电工程环境影响评价[M]. 北京：中国环境科学出版社，2006.

[9]   邹家祥. 环境影响评价技术手册：水利水电工程[M]. 北京：中国环境科学出版社，2009.

[10] 曾旭等. 大型水利水电工程扰动区植被的生态恢复[J]. 长江流域资源与环境，2009.

[11] 刘欣，陈能平，肖德序，丁志. 光照水电站进水口分层取水设计[J]. 贵州水力发电，2008，22（5）.

[12] 太湖生态清淤及调水引流[M]. 北京：科学出版社，2012.

[13] 董哲仁. 水库多目标生态调度[J]. 水利水电技术，2007，38：28-32.

[14] 游进军. 水量水质联合调控思路与研究进展[J]. 水利水电技术, 2010, 41 (11): 7-18.

[15] 顾晨霞. 水资源水质水量联合调度研究进展[J]. 水利科技与经济, 2012, 18 (3): 26-28.

[16] 夏星辉. 结合生态需水的黄河水资源水质水量联合评价[J]. 环境科学学报, 2007, 27 (1): 151-156.

[17] 祁鲁梁. 浅谈发展工业节水技术提高用水效率[J]. 中国水利, 2005, (13): 125-127.

[18] 伍振毅. 我国工业节水技术创新的研究进展. 工业水处理, 2006, 26 (12): 21-24.

[19] 刘亚克. 农业节水技术的采用及影响因素[J]. 自然资源学报, 2011, 26 (6): 932-941.

[20] 何淑媛. 农业节水综合效益评价模型研究[J]. 水利经济, 2008, 26 (3): 62-78.

[21] 许迪. 现代节水农业技术研究进展与发展趋势[J]. 高技术通讯, 2002, 12: 103-108.

[22] 李道华. 应急调度的网络结构与系统应用[J]. 国防科技参考, 1997, 18 (4): 93-116.

[23] 王明森. 非常规水资源的开发利用及存在问题分析[C]. 山东: 山东省水资源生态调度学术研讨会, 2010: 102-105.

[24] 杨玲. 膨润土防渗毯施工技术分析与探讨[J]. 北京水务, 2008, (2): 36-39.

[25] 邓卓智, 冯雁. 北护城河的生态修复[J]. 水利规划与设计, 2007, (6): 14-16.

[26] 王磊, 汤庚国. 植物造景的基本原理及应用[J]. 林业科技开发, 2003, (05): 71-73.

[27] 孙鹏，王志芳. 遵从自然过程的城市河流和滨水区景观设计[J]. 城市规划，2004，（09）：19-22.

[28] 陈吉泉. 河岸植被特征及其在生态系统和景观中的作用[J]. 应用生态学报，1996，（04）：439-448.

[29] 黄翼. 城市滨水空间的设计要素[J]. 城市规划，2002，（10）：68-73.

[30] 刘滨谊，周江. 论城市水景整治中的堤岸规划设计[J]. 中国园林，2004，（03）：49-52.

[31] 刘滨谊. 城市滨水区景观规划设计[M]. 南京：东南大学出版社，2006.

[32] 田硕. 城市河道护岸规划设计中的生态模式[J]. 中国水利，2006，（20）：13-16.

[33] 王超. 流域水资源保护和水质改善理论与技术[M]. 北京：中国水利水电出版社，2011.

[34] 王松等. 汉沽污水库底泥的环保疏浚试验工程设计[J]. 中国给水排水，2011，27（4），54-57.

[35] 胡小贞等. 湖泊底泥污染控制技术及其适用性探讨[J]. 中国工程科学，2009，11（9），28-33.

[36] 陈敏建. 水循环生态效应与区域生态需水类型. 水利学报，2007（3）.

[37] 陈敏建，王浩. 中国分区域生态需水研究. 中国水利，2007（9）.

[38] 陈敏建. 生态需水配置与生态调度. 中国水利，2007（11）.

[39] 陈敏建，丰华丽，王立群等. 生态标准河流和调度管理研究. 水科学进展，2006.

[40] 陈敏建，王浩，王芳等. 内陆河干旱区生态需水分析. 生态学报，2004（10）.

[41] 陈敏建. 流域生态需水研究进展. 中国水利，2004（20）.

[42] 倪晋仁，马蔼乃. 河流动力地貌学[M]. 北京：北京大学出版社，1998.

[43] 彭文启，张祥伟等．现代水环境质量评价理论与方法[M]．北京：化学工业出版社，2005．

[44] 钱宁，张仁，周志德．河床演变学[M]．北京：科学出版社，1987．

[45] 赵进勇，廖伦国，孙东亚，董哲仁．重庆市苦溪河生态治理的实践．水利水电技术，2007（3）．

[46] 赵进勇，孙东亚，董哲仁．生态型护岸工程的设计要点．河流生态修复技术研讨会论文集．水利部国际合作与科技司主编，北京：中国水利水电出版社，2005．

[47] 赵进勇，孙东亚，董哲仁．河流地貌多样性修复方法．水利水电技术，第39卷，2007（2）．

[48] 王兴勇，郭军．国内外鱼道研究与建设．中国水利水电科学研究院学报，2005，（3）：3．

[49] 赵进勇，董哲仁，孙东亚，张晶．河流生态修复负反馈调节规划设计方法[J]．水利水电技术，2010，（41）：10-14．

[50] 赵进勇，董哲仁，翟正丽，孙东亚．基于图论的河道-滩区系统连通性评价方法[J]．水利学报，2011，（42）：537-543．

[51] 曹文宣．三峡工程对长江鱼类资源影响的初步评价及资源增殖途径的研究[A]．长江三峡工程对生态与环境及其对策研究论文集，北京：科学出版社，1987：15-16．

[52] 陈凯麒，常仲农，曹晓红．我国鱼道的建设现状与展望[J]．水利学报，2012，43（2）：182-189．

[53] 董哲仁，张晶．洪水脉冲的生态效应[J]．水利学报，2009，（3）：281-288．

[54] 董哲仁．城市河流的渠道化园林化问题与自然化要求[J]．中国水利，2008，（22）：12-15．

[55] 董哲仁．河流生态恢复的目标[J]．中国水利，2004，（10）：6-10．

[56] 董哲仁. 河流生态系统研究的理论框架[J]. 水利学报，2009，40（2）：129-137.

[57] 董哲仁. 河流生态修复的尺度、格局和模型[J]. 水利学报，2007，（1）：1476-1481.

[58] 董哲仁. 河流形态多样性与生物群落多样性[J]. 水利学报，2003，（11）：1-6.

[59] 董哲仁. 怒江水电开发的生态影响[J]. 生态学报，2006，（5）：1591-1596.

[60] 张晶，董哲仁，孙东亚，李云生. 河流健康全指标体系的模糊数学评价方法[J]. 水利水电技术，2010，41（12）：16-21.

[61] 张晶，董哲仁，孙东亚等. 基于主导生态功能分区的河流健康评价全指标体系[J]. 水利学报，2010，41（8）：883-892.

[62] 朱党生，张建永等. 水工程规划设计关键生态指标体系[J]. 水科学进展，2010，（4）：560-566.

[63] 曹勇，孙从军. 生态浮床的结构设计. 环境科学与技术. 2009，32（2）：121-124.

可参考的技术规范

[1] 《地表水环境质量标准》（GB 3838）

[2] 《防洪标准》（GB 50201）

[3] 《地下水质量标准》（GB/T 14848）

[4] 《水功能区划分标准》（GB/T 50594）

[5] 《农田灌溉水质标准》（GB 5084－92）

[6] 《河岸植被缓冲带区划标准》（美国林务局（USDA-FS）1991 年制定）

[7] 《堤防工程设计规范》（GB 50286）

[8] 《河道整治设计规范》（GB 50707）

[9] 《城市水系规划规范》（GB 50513）

[10] 《江河流域规划环境影响评价规范》（SL 45）

[11] 《江河流域规划编制规范》（SL 201）

[12] 《水环境监测规范》（SL 219）

[13] 《河道演变勘测调查规范》（SL 383）

[14] 《地下水环境监测技术规范》（HJ/T 164）

[15] 《人工湿地污水处理工程技术规范》（HJ 2005－2010）

[16] 《污水稳定塘设计规范》（GJJ/T 54－93）

[17] 《建筑与小区雨水利用工程技术规范》（GB 50400－2006）

[18] 《雨水利用工程技术规范》（SZDB/Z 49－2011）

[19] 《雨水控制与利用工程设计规范》（DB 11/685－2013）

[20] 《农田径流氮磷生态拦截沟渠构建技术规范》（B3205/T 157－2008）

[21] 《人工湿地污水处理工程技术规范》（HJ 2005－2010）

[22] 《人工湿地污水处理技术规范》（DG/TJ 08－2100－2012）

[23] 《污水稳定塘设计规范》（GJJ/T 54－93）

[24] 《雨水利用工程技术规范》（SZDB/Z 49－2011）

[25] 《水域纳污能力计算规程》（GB/T 25173）

[26] 《水利水电工程环境保护概估算编制规程》（SL 359）

[27] 《地表水资源质量评价技术规程》（SL 395）

[28] 《水资源保护规划编制规程》（SL 613）

[29] 《城市雨水利用工程技术规程》（DB11/T 685－2009）

[30] 《北京市园林绿地雨水利用技术规程（草案）》（2012 年出台）

[31] 《入河排污口管理技术导则》（SL 532）

[32] 《河湖生态需水评估导则》（试行）（SL/Z 479）

[33] 《环境影响评价技术导则　水利水电工程》（HJ/T 88）

[34] 《规划环境影响评价技术导则（试行）》（HJ/T 130）

[35] 《南京市雨水综合利用技术导则（试行）》（2014 年发布）

[36] 《人工湿地污水处理技术导则》（RISN－TG 006－2009）

[37] 《给水排水设计手册》

[38] 《河湖生态保护与修复规划导则》（SL709－2015）

可参考的有关水生态保护与修复的网站

名称	网址	备注
水网论坛	http://bbs.h2o-china.com/forum-72-1.html	
中国生态修复网	http://www.er-china.com/	
地下水与生态系统恢复的研究	http://www.epa.gov/nrmrl/gwerd/eco/index.html	主题：流域管理，河岸带河流恢复，湿地恢复
美国湿地	http://water.usgs.gov/nwsum/WSP2425/restoration.html	湿地
美国，河流修复	http://riverofstars.com/	关注河流社会、经济和环境价值提升；修复、改善和保护河流环境；发展和应用河流管理政策，促进河流和人类和谐发展
美国环保署生态修复研究	http://www.epa.gov/nrmrl/gwerd/eco/	地下水和生态修复研究
欧洲河流生态修复中心	http://www.ecrr.org/	
亚洲河流修复网	http://www.a-rr.net/	
日本河流修复网	http://www.a-rr.net/jp/en/waterside/world/restoration_project/1065.html	
生态水工学专栏	http://gjkj.mwr.gov.cn/rdzt/stsgxzl/	